Entwicklung neuer Ansätze zum nachhaltigen Planen und Bauen

Deutschland hat sich zum Ziel gesetzt, dass bis zur Mitte des 21. Jh. der Gebäudebestand, der durch Herstellung und Nutzung für einen Großteil aller Treibhausgasemissionen ursächlich ist, nahezu klimaneutral sein soll. Aber auch die Schonung vorhandener Ressourcen, das Schaffen einer circular economy und die Verankerung der Prinzipien Effizienz, Konsistenz und Suffizienz beim Planen, Errichten, Nutzen und Zurückbauen unserer bebauten Umwelt sind der Anspruch, dem die Akteure des Bauwesens gerecht werden müssen.

Wichtige Projektentscheidungen werden häufig nicht auf Basis der zu erwartenden Nachhaltigkeit getroffen, sondern zumeist auf Basis ökonomischer Gesichtspunkte (Herstellkosten). Es gilt, alle Beteiligten zu sensibilisieren, dass das in der Herstellung günstigste Bauwerk selten das wirtschaftlichste oder gar nachhaltigste ist, betrachtet man den gesamten Lebenszyklus. Es ist also sinnvoll, die Nachhaltigkeit von Bauwerken nicht nur zu dokumentieren, sondern wichtige Entscheidungen auf Basis der Nachhaltigkeit zu treffen.

Diese Buchreihe stellt neue Erkenntnisse der angewandten Wissenschaften und Praxis vor, die dazu beitragen sollen, Veränderungen im Markt aufzuzeigen und zu begleiten, hin zu einer nachhaltigen Bauwirtschaft.

Eftychia Sakris

Chancen und Herausforderungen für nachhaltiges und kreislaufgerechtes Bauen von Einzelhandelsimmobilien

Springer Vieweg

Eftychia Sakris
Haßmersheim, Deutschland

ISSN 2948-1007 ISSN 2948-1015 (electronic)
Entwicklung neuer Ansätze zum nachhaltigen Planen und Bauen
ISBN 978-3-658-47953-4 ISBN 978-3-658-47954-1 (eBook)
https://doi.org/10.1007/978-3-658-47954-1

Die Deutsche Nationalbibliothek verzeichnet diese Publikation in der Deutschen Nationalbibliografie; detaillierte bibliografische Daten sind im Internet über https://portal.dnb.de abrufbar.

Springer Vieweg ist ein Imprint der eingetragenen Gesellschaft Springer Fachmedien Wiesbaden GmbH und ist ein Teil von Springer Nature.
Die Anschrift der Gesellschaft ist: Abraham-Lincoln-Str. 46, 65189 Wiesbaden, Germany

Kurzfassung

In einer Zeit, in der ökologische Herausforderungen und Ressourcenknappheit immer mehr in den Vordergrund rücken, spielt die Bauwirtschaft durch ihre erheblichen Umweltauswirkungen, wie dem hohen Ressourcenverbrauch, der Verursachung von Emissionen und dem hohen Abfallaufkommen, eine bedeutende Rolle. Besonders das Einzelhandelsgewerbe bietet mit seinen zahlreichen und großflächigen Immobilien Potenzial, sowohl durch Neubauten als auch durch Modernisierungen einen positiven Beitrag zur Förderung der Kreislaufwirtschaft und insgesamt zu einer nachhaltigen Entwicklung zu leisten.

Das Ziel der vorliegenden Bachelorarbeit besteht darin, Chancen und Herausforderungen für nachhaltiges und kreislaufgerechtes Bauen von Einzelhandelsimmobilien aufzuzeigen. Dafür wird folgende Forschungsfrage formuliert: **Wie kann ein Bewertungskonzept als Entscheidungshilfe für nachhaltige Materialien entwickelt werden?**

Zur Beantwortung der Forschungsfrage wird auf Basis einer umfassenden Literaturrecherche ein Bewertungskonzept entwickelt, welches als Entscheidungshilfe bei der Identifikation und dem Einsatz nachhaltiger Baumaterialien dienen soll. Dieses umfasst ökologische, ökonomische und technische Aspekte, unter Berücksichtigung der Besonderheiten des Einzelhandels und der Einhaltung von Zertifizierungen und Standards. Anhand konkreter Fallbeispiele, darunter Fliesen, Pflastersteine und Dämmstoffe, wird das entwickelte Bewertungskonzept auf seine Anwendbarkeit geprüft, um auf diese Weise Potenziale und Herausforderungen hinsichtlich nachhaltigem und kreislaufgerechtem Bauen aufzuzeigen.

Die Analyse zeigt, dass der Einsatz nachhaltiger Baumaterialien neben ökologischen Vorteilen auch hinsichtlich der Wettbewerbsfähigkeit eines Unternehmens langfristige Vorteile bietet. Gleichzeitig wird ersichtlich, dass der Begriff Nachhaltigkeit oft unterschiedlich verstanden wird und sich die Erfassung der tatsächlichen Kosten und Emissionen über den gesamten Lebenszyklus eines Materials eine Herausforderung darstellt.

Abschließend werden Handlungsempfehlungen zur weiteren Optimierung des Bewertungskonzeptes formuliert, um die Integration des Konzeptes zu fördern und den Einsatz umweltfreundlicher Materialien im Einzelhandel voranzutreiben und nachhaltige Baupraktiken zu fördern.

Inhaltsverzeichnis

Abkürzungsverzeichnis

BFR	Baufachliche Richtlinien
C2C	Cradle to Cradle
CE	Conformité Européene
CO_2	Kohlenstoffdioxid
CO_2-Äqu.	Kohlenstoffdioxid- Äquivalente
DGNB	Deutsche Gesellschaft für Nachhaltiges Bauen
DIN	Deutsches Institut für Normung
EN	Europäische Norm
EPD	Environmental Product Declaration (Umweltproduktdeklaration)
EPEA	Environmental Protection Encouragement Agency
EU	Europäische Union
GWP	Global Warming Potential (Treibhausgaspotenzial)
ISO	Internationale Organisation für Standardisierung
KaBa	Kaufland Baubeschreibung
kg	Kilogramm
KrWG	Kreislaufwirtschaftsgesetz
LEED	Leadership in Energy and Environmental Design
m	Meter
m^2	Quadratmeter
m^3	Kubikmeter
Mio.	Millionen
mm	Millimeter
N	Newton
NKWS	Nationale Kreislaufwirtschaftsstrategie

Abbildungsverzeichnis

Tabellenverzeichnis

Einleitung

1

1.1 Motivation

„Nachhaltiges Handeln ist eine gesamtgesellschaftliche Aufgabe, die die Beachtung der planetaren Grenzen zur Grundlage von Entscheidungen macht, aber auch Verteilungs- und Generationengerechtigkeit adressiert.“ [1]

In einer Zeit, in der Umweltkrisen und Ressourcenknappheit immer mehr zu spüren sind, gewinnt eine nachhaltige Entwicklung immer mehr an Bedeutung [2]. Die Worte des zu Beginn erwähnten Zitats bilden die Basis unserer Verpflichtung, um nicht nur für uns, sondern auch für die Lebensfähigkeit und den Wohlstand künftiger Generationen zu sorgen. Gleichzeitig spielt auch der Aspekt der gerechten Verteilung der Güter eine wichtige Rolle.

Das nachhaltige Handeln gewinnt in vielen Wirtschaftssektoren immer mehr an Bedeutung. Aufgrund der Begrenztheit der Ressourcen auf der Erde steht die verantwortungsvolle Nutzung natürlicher Ressourcen im Vordergrund. Die Verwendung natürlicher Ressourcen steht immer in Verbindung mit Emissionen und Belastungen für die Umwelt. Zudem können wirtschaftliche und soziale Umbrüche durch begrenzt zur Verfügung stehende Ressourcen und schwankende Rohstoffpreise verursacht werden [3].

Einen wesentlichen Treiber in Bezug auf die Ressourcennutzung und Abfallproduktion stellt hierbei der Bausektor dar. Im Rahmen von Baumaßnahmen wurden im Jahr 2020 insgesamt knapp 585 Mio. Tonnen an mineralischen Gesteinskörnungen als Rohstoff eingesetzt [4]. Die Bau-Branche ist zudem für mehr als 50 % des Abfallaufkommens verantwortlich [5].

E. Sakris, *Chancen und Herausforderungen für nachhaltiges und kreislaufgerechtes Bauen von Einzelhandelsimmobilien,* Entwicklung neuer Ansätze zum nachhaltigen Planen und Bauen, https://doi.org/10.1007/978-3-658-47954-1_1

Aufgrund des hohen Ressourcenverbrauchs und der steigenden Abfallproduktion kann die Bauindustrie einen bedeutenden Beitrag zu einem nachhaltigen und verantwortungsbewussten Umgang mit natürlichen Ressourcen leisten. Aus diesem Grund ist es zwingend notwendig, dass ein Umdenken in der Baubranche stattfindet [6].

Die dringende Notwendigkeit, Maßnahmen zu ergreifen, um die negativen Folgen des Baugewerbes für die Umwelt zu minimieren, stellt die Motivation für die Beschäftigung mit diesem Thema dar. Jedes verwendete Material, ob es sich um Beton, Ziegel oder Stahl handelt, führt zu CO_2-Emissionen und Ressourcen- und Energieverbrauch. Diese Auswirkungen müssen jedoch nicht alle verhängnisvoll sein.

Durch den Einsatz von energieeffizienten Technologien, innovativen und recycelten Materialien sowie nachhaltigen Baumethoden lassen sich positive Veränderungen bewirken. Denn nachhaltiges Bauen bietet nicht nur Chancen zur Bewältigung gegenwärtiger Umweltprobleme, sondern auch Möglichkeiten für Innovation, Fortschritt und soziale Verantwortung [7].

Außerdem ist nachhaltiges Bauen nicht nur eine ethische Verpflichtung, sondern auch ein ökonomischer Anspruch besonders für Unternehmen, wie zum Beispiel die des Einzelhandelsgewerbes. Durch die hohe Anzahl von Bestandsflächen des Einzelhandels mit rund 124,5 Mio. m^2 in Deutschland und den ständigen Bezug zu Menschen im Alltag [8], können nachhaltige Entwicklungen präsentiert werden, um die Gesellschaft für dieses Thema zu sensibilisieren und darauf aufmerksam zu machen. Zudem haben Investitionen in umweltfreundliche und energieeffiziente Baupraktiken das Potenzial, nicht nur die Umwelt zu schonen, sondern auch langfristige Kosteneinsparungen über den gesamten Lebenszyklus einer Immobilie und Wettbewerbsvorteile zu schaffen. Das Thema wandelt sich zunehmend zu einem erfolgreich vermarktbaren Wirtschaftssektor. Abfälle werden als das verstanden, was sie sind: Wertstoffe oder neue Rohstoffe. Obgleich nachhaltiges Bauen langfristige Vorteile generiert, gibt es Widerstände und Vorurteile gegenüber Nachhaltigkeit im Bauwesen, die auf wahrgenommenen Kosten und Herausforderungen in Bezug auf Rentabilität und Umsetzbarkeit basieren. Die Herausforderung besteht darin, einen Wandel herbeizuführen und gleichzeitig den Bedürfnissen der heutigen und zukünftigen Generationen gerecht zu werden.

1.2 Zielsetzung

Das Ziel dieser Arbeit ist es, die Potenziale und Herausforderungen bei der Identifikation und dem Einsatz von nachhaltigen Baumaterialien beim Bau von Einzelhandelsimmobilien aufzuzeigen. Dafür soll eine Entscheidungshilfe entwickelt werden, die diesen Prozess unterstützt. Die zentrale Hypothese lautet, dass es derzeit keine konkrete und einheitliche Grundlage für die Entscheidungsfindung bezüglich der Verwendung nachhaltiger Baumaterialien bei Einzelhandelsimmobilien gibt. Es ist wichtig, dass nahezu alle **Anforderungen an Einzelhandelsimmobilien** in das Bewertungskonzept einbezogen werden. Zudem ist es wichtig, dass eine **flexible Anwendung** des Konzeptes auf verschiedene Arten von Baumaterialien möglich ist, damit keine Begrenzung auf bestimmte Produkte existiert. Des Weiteren sollte das Konzept **anpassungsfähig** sein, um weitere als relevant erachtete Kriterien aufzunehmen und eine Erweiterung zu ermöglichen. Außerdem ist eine Orientierung an bestehenden Standards notwendig, um die **Einhaltung von Gesetzen, Vorgaben und internen Anforderungen** sicherzustellen. Grundsätzlich soll das Konzept Aspekte umfassen, die die **Gleichwertigkeit** der Materialien in **technischer Hinsicht** beurteilen. Das Konzept soll einen ersten Eindruck verschaffen, ob das betrachtete Material eine nachhaltige Alternative für das konventionelle Bauprodukt sein kann, um dieses bei positivem Ergebnis weiteren Untersuchungen zu unterziehen und als Testmaterial zu empfehlen.

Zur Überprüfung der Hypothese werden sowohl der gegenwärtige Stand der Technik als auch der Stand der Forschung untersucht. Die zentrale Forschungsfrage lässt sich wie folgt formulieren und wird in den nachfolgenden Kapiteln bearbeitet und abschließend diskutiert:

Wie kann ein Bewertungskonzept als Entscheidungshilfe für nachhaltige Materialien entwickelt werden?

Zur Beantwortung der Leitfrage werden im Rahmen dieser Arbeit folgende Teilfragen beantwortet:

- Welche Methoden und Besonderheiten von Einzelhandelsimmobilien sind bereits bekannt und dienen zur Identifikation von relevanten Bewertungskriterien?
- Welche Potenziale und Herausforderungen lassen sich durch die Anwendung des entwickelten Bewertungskonzeptes im Praxiszusammenhang erkennen?
- Welche Maßnahmen sind erforderlich, um eine Erweiterung und Anpassung des Konzeptes zu erzielen?

1.3 Gang der Untersuchung

Die vorliegende Arbeit gliedert sich wie folgt:

Im ersten Kapitel wird auf die Motivation, die Zielsetzung, den Gang der Untersuchung sowie die thematische Abgrenzung eingegangen.

Das zweite Kapitel behandelt die theoretischen Grundlagen. An dieser Stelle werden die für die Arbeit relevante Begriffe definiert und erläutert, um ein grundlegendes Verständnis über die Thematik aufzubauen. Die Schlüsselbegriffe dabei sind Nachhaltigkeit und Kreislaufwirtschaft. Zudem werden Kriterien betrachtet, die nachhaltige Baumaterialien definieren und sie von konventionellen unterscheiden. Auch die Besonderheiten von Einzelhandelsimmobilien und die Art dieser Gebäude werden in diesem Kapitel beschrieben.

Das dritte Kapitel befasst sich mit dem aktuellen Stand der Technik und der Forschung. Dabei werden derzeit bestehende Normen, Gesetze und Richtlinien beschrieben, die für den Einsatz von nachhaltigen Baumaterialien relevant sind. Zudem werden derzeitige Zertifizierungsmöglichkeiten für nachhaltige Baumaterialien vorgestellt. Aufgrund der Vielzahl an Zertifizierungssystemen werden im Rahmen dieser Arbeit die DGNB, Cradle to Cradle Certified und LEED vorgestellt. Für die Auseinandersetzung mit dem aktuellen Stand der Forschung werden aktuelle Forschungsansätze zur Bewertung von Baumaterialien erläutert und hinsichtlich ihrer Anwendbarkeit auf die gegebene Herausforderung analysiert.

Darauf aufbauend folgt in Kap. 4 die Entwicklung eines Bewertungskonzeptes für nachhaltige Baumaterialien. Im Rahmen dessen wird zunächst die Methodik der Vorgehensweise erläutert und im Anschluss der erforderliche Input des Konzepts erstellt. Es werden Kriterien festgelegt, die dazu beitragen, verschiedene Arten von Materialien auf ihre Nachhaltigkeit zu überprüfen. Das ausgearbeitete Konzept wird beispielhaft in Kap. 5 auf ausgewählte Materialien angewendet, um die Eignung des entwickelten Ansatzes kritisch zu überprüfen. Dabei werden Möglichkeiten zur Optimierung des Bewertungskonzeptes identifiziert und in Form einer Handlungsempfehlung formuliert.

Die Resultate werden im Anschluss in Kap. 6 zusammengefasst. Hier erfolgt zudem eine abschließende Diskussion der Forschungsergebnisse sowie die Beantwortung der Forschungsfragen. Zuletzt wird ein Ausblick auf einen möglichen weiteren Forschungsbedarf im Bereich der vorliegenden Arbeit gegeben.

Die Struktur der Arbeit wird in Abb. 1.1 schematisch dargestellt.

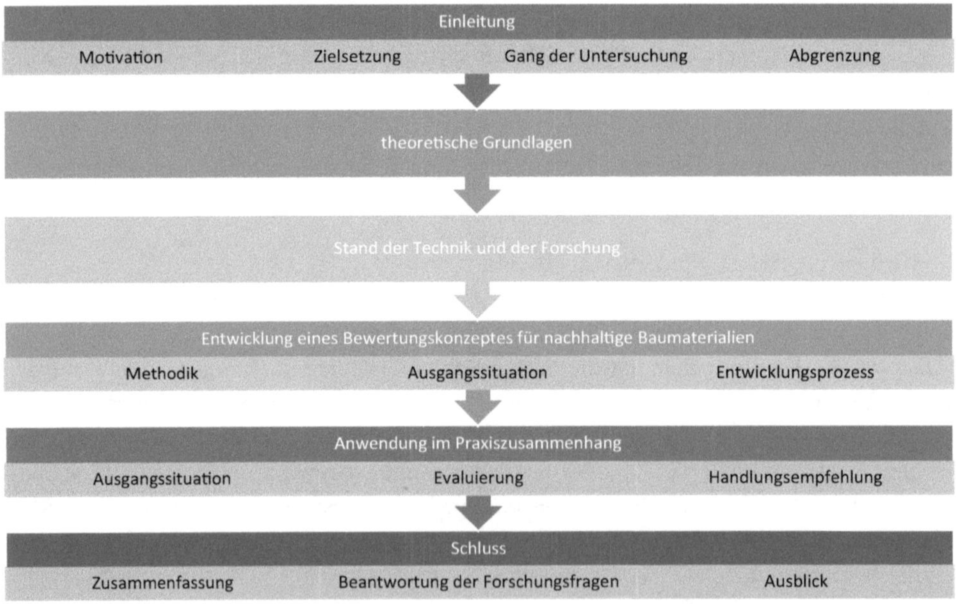

Abb. 1.1 Gang der Untersuchung

1.4 Abgrenzung

Die vorliegende Arbeit umfasst die Untersuchung von nachhaltigen Materialien für ihren Einsatz in Einzelhandelsimmobilien, sowohl im Neubau als auch bei Sanierungs- und Modernisierungsmaßnahmen zur Förderung der Nachhaltigkeit und Kreislaufwirtschaft im Bausektor. Aufgrund des begrenzten Umfangs und der Zeit werden einige Ab- und Eingrenzungen festgelegt.

Die Arbeit beschränkt sich auf die Eigenschaften verschiedener Materialien, die zu einer vergleichbaren Bewertung beitragen. Dabei handelt es sich ausschließlich um Baumaterialien. Die technische Gebäudeausstattung und Einrichtung der Immobilie ist nicht Gegenstand dieser Arbeit.

Bei der Auswahl der Kriterien wird auf ökologische und ökonomische Aspekte eingegangen. Dabei werden im Rahmen des ökologischen Aspektes zum einen die Bestandteile der Materialien betrachtet, zum anderen wird auf den Primärenergiebedarf und die CO_2-Emissionen über den Lebenszyklus eingegangen. Emissionen des Nutzungsstadiums und außerhalb des Lebenszyklus sind nicht Gegenstand des Bewertungskonzeptes. Des Weiteren werden aufgrund der standortunabhängigen Bewertung der Materialien keine Emissionen und Kosten für den Transportweg der Materialien zum Einsatzort berücksichtigt. Hinsichtlich der ökonomischen Dimension wird eine qualitative Betrachtung der Lebenszykluskosten durchgeführt. Im Rahmen dieser Arbeit wird nicht auf externe Lebenszykluskosten eingegangen, die durch die Schädigung der Umwelt und des Ökosystems entstehen [9]. Die ökologische und ökonomische Dimension wird um technische Kriterien hinsichtlich der Materialeigenschaften und der Besonderheiten von Einzelhandelsimmobilien erweitert. Soziokulturelle und prozessorientierte Aspekte werden im ersten Schritt nicht berücksichtigt. Jedoch soll durch einen anpassbaren Konzeptentwurf eine Integration weiterer Parameter offengehalten werden.

Im Zuge der Ausarbeitung des Standes der Technik wird auf verschiedene Gesetze und Verordnungen eingegangen, die die Bedeutung der Kreislaufwirtschaft unterstreichen. Des Weiteren werden relevante Normen aufgezeigt, die ein grundlegendes Verständnis für die Durchführung von Bewertungen für Baumaterialien schaffen. Außerdem werden die Zertifizierungssysteme DGNB, Cradle to Cradle Certified und LEED herangezogen und untersucht, damit relevante Aspekte herausgearbeitet werden. Die Auswertung des Standes der Technik und der Forschung beschränkt sich auf bestehende Methodiken, die für die Entwicklung des Bewertungskonzeptes modifiziert übernommen werden können.

Im weiteren Verlauf der Arbeit wird auf Grundlage der Literaturrecherche das Bewertungskonzept entwickelt. Dieses wird im Praxiszusammenhang angewandt, wobei es sich auf drei Praxisbeispiele beschränkt. Hierbei handelt es sich um die Anwendung des Konzeptes auf Feinsteinzeugfliesen, Betonpflastersteine und Glasfaserdämmung. Eine erweiterte Anwendung auf andere Materialien wird durch die Flexibilität und Anpassungsfähigkeit des Konzeptes offengehalten.

Literatur

1. Bundesministerium für Wohnen, Stadtentwicklung und Bauwesen https://www.bmwsb.bund.de/Webs/BMWSB/DE/themen/bauen/bauwesen/nachhaltiges-bauen/nachhaltiges-bauen-node.html, 08.07.2024.
2. Die Bundesregierung https://www.bundesregierung.de/breg-de/themen/nachhaltigkeitspolitik/nachhaltigkeitsziele-erklaert-232174, 11.07.2024.
3. Umwelt Bundesamt https://www.umweltbundesamt.de/themen/abfall-ressourcen/ressourcennutzung-ihre-folgen; 11.07.2024.
4. Umwelt Bundesamt https://www.umweltbundesamt.de/daten/ressourcen-abfall/verwertung-entsorgung-ausgewaehlter-abfallarten/bauabfaelle#verwertung-von-bau-und-abbruchabfallen; 11.07.2024.
5. Statistisches Bundesamt https://www.destatis.de/DE/Themen/Gesellschaft-Umwelt/Umwelt/Abfallwirtschaft/Tabellen/liste-abfallbilanz-kurzuebersicht.html#1333838, 11.07.2024.
6. Bundesministerium des Innern für Bau und Heimat Leitfaden nachhaltiges Bauen, 3. Aktualisierte Auflage, Berlin, Januar 2019.
7. Kölzer, T. Nachhaltige und Digitale Baukonzepte – Methoden und Wege zu einer ökologisch ausgerichteten Baubranche, Springer Vieweg, Hamburg, 2022.
8. statista https://de.statista.com/statistik/daten/studie/70202/umfrage/entwicklung-der-verkaufsflaeche-im-einzelhandel-in-deutschland-zeitreihe/, 11.07.2024.
9. Schwarz, Jürgen Berücksichtigung von Lebenszykluskosten bei der Vergabe von Bauleistungen als Zuschlagskriterium, Endbericht Forschungsprogramm: Zukunft Bau, Universität München, 2015.

Theoretische Grundlagen 2

2.1 Nachhaltigkeit

Der Begriff Nachhaltigkeit beschreibt eine dauerhaft tragfähige Entwicklung für die Sektoren Ökonomie, Ökologie und Soziales. Dabei werden die Bedürfnisse der heutigen Generation berücksichtigt, ohne Generationen der Zukunft die Möglichkeit zu nehmen, ihre eigenen Bedürfnisse und Wünsche erfüllen zu können. Im Fokus stehen dabei die drei Handlungsfelder Ökonomie, Ökologie und Soziales, wobei anhand der zuvor genannten Definition nicht klar festgelegt ist, ob die drei Bereiche gleichwertig betrachtet oder unterschiedlich priorisiert dargestellt werden [1].

Der **ökologische** Bereich bezieht sich auf die Verfügbarkeit, den Umgang und die Verwendung der natürlichen Ressourcen. Dabei sind besonders die Reproduktionsfähigkeit und Belastbarkeit der Ökosysteme zu beachten. Die **ökonomische** Dimension hingegen beinhaltet materielles Sachkapital und immaterielles Human- und Wissenskapital. Insgesamt bildet dies das wirtschaftliche Produktionskapital in seiner Gesamtheit. Die Berücksichtigung des wirtschaftlichen Kapitals zielt darauf ab, die langfristige Überlebensfähigkeit eines Systems zu gewährleisten und dessen Wettbewerbsfähigkeit und Effizienz zu steigern bzw. zu sichern. Der **soziale** Aspekt der Nachhaltigkeit konzentriert sich auf die Beziehungen zwischen Menschen innerhalb der Gesellschaft. In erster Linie soll die Verwendung von Sozialkapital sicherstellen, dass die gesellschaftliche Integration über Generationen hinweg weiterentwickelt wird. Von entscheidender Bedeutung sind dabei die Sicherung grundlegender Bedürfnisse, die Schaffung und Aufrechterhaltung einer gewissen Verteilungsgerechtigkeit, die Achtung der Menschenwürde und die Ermöglichung einer freien Entfaltung der Persönlichkeit. Zudem sind eine gemeinwohlorientierte Solidarität und ein moralisches und ethisches Bewusstsein für gegenseitige Unterstützung für den Aufbau des sozialen Kapitals unverzichtbar [2].

E. Sakris, *Chancen und Herausforderungen für nachhaltiges und kreislaufgerechtes Bauen von Einzelhandelsimmobilien,* Entwicklung neuer Ansätze zum nachhaltigen Planen und Bauen, https://doi.org/10.1007/978-3-658-47954-1_2

Bei der Diskussion über den Begriff der Nachhaltigkeit, sind verschiedene Modelle entstanden, die die drei Dimensionen der Nachhaltigkeit vereinen und in Zusammenhang zueinander bringen. Eines der wichtigsten und am weitesten verbreiteten Modelle ist das Drei-Säulen-Modell. Dieses Modell konzentriert sich auf die drei zuvor beschriebenen Handlungsfelder der Nachhaltigkeit. Die drei Dimensionen Ökologie, Ökonomie und Soziales werden hierbei als gleichrangig und gleichwertig betrachtet, um eine nachhaltige Entwicklung erreichen zu können (Abb. 2.1) [3].

Einerseits verhindert die Gleichgewichtung der drei Säulen eine Vernachlässigung einzelner Säulen, andererseits wird dieser Aspekt häufig kritisiert. Dabei wird gefordert, die Ökologie stärker zu gewichten, da der ökonomische und soziale Aspekt nur in einem intakten und funktionierenden Ökosystem erfüllt sein kann [2]. Andere Kritikpunkte beziehen sich auf die Isolation der einzelnen Dimensionen mit der Befürchtung, die Wechselbeziehungen zwischen den Bereichen nicht hinreichend zu berücksichtigen [3].

Folgende Tabelle zeigt die Dimensionen der Nachhaltigkeit und ihre Ziele in Bezug auf die Umsetzung im Bauwesen (Tab. 2.1).

Um eine Erreichung der Nachhaltigkeit zu erzielen, existieren weitere Prinzipien, wie die Effizienz, Suffizienz und Konsistenz [2].

Der Begriff **„Effizienz"** zielt auf die Ressourcenproduktivität und eine ergiebige Nutzung von Materie und Energie ab [2]. Effizienz beschreibt die Verbesserung des Input–Output-Verhältnisses, indem eine ökonomische Leistung mit einem möglichst geringen Einsatz von Energie und Material erstellt wird. Das heißt, es wird gezielt auf die Steigerung der Effizienz in Bezug auf Material, Energie und Rohstoffe geachtet. Der Effekt der Effizienz führt zu einem relativen Rückgang des Verbrauchs von Ressourcen. Hierbei sind jedoch Rebound-Effekte zu beachten, womit Sekundäreffekte einer Maßnahme

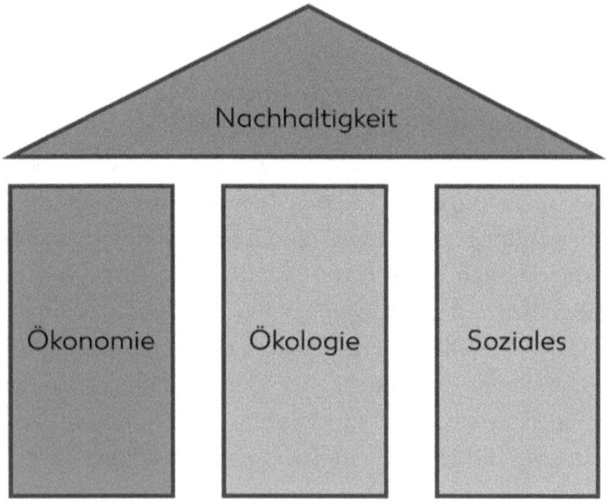

Abb. 2.1 Drei-Säulen-Modell der Nachhaltigkeit. (Eigene Darstellung in Anlehnung an [2])

Tab. 2.1 Dimensionen der Nachhaltigkeit und mögliche Umsetzungsmaßnahmen im Bauwesen. (Eigene Darstellung in Anlehnung an [4])

Dimension	Ziele	Umsetzung
Ökonomie	• Senkung der Betriebskosten • Verbesserung Wirtschaftlichkeit	• langlebige Technologien und Baustoffe • energieeffiziente Bauweisen
Ökologie	• Arten- und Umweltschutz • minimale Belastung der Ökosystems • minimale Belastung des menschlichen Lebensraumes	• verantwortungsbewusster Umgang mit Rohstoffen und Ressourcen • Einsatz recyclingfähiger Rohstoffe
Soziales	• Steigerung der Lebensqualität • Minimierung negativer Einflüsse auf die menschliche Gesundheit	• sicheres, gesundheitsförderndes und funktionales Design • Dach- und Fassadenbegrünung zur Verbesserung der Luftqualität

gemeint sind, welche das ursprünglich positive Ziel der Primärmaßnahme, in diesem Fall Energie und Material einzusparen, mindestens zum Teil entgegenwirken bzw. auflösen [5]. Ansätze umfassen die Optimierung von Technologien, Prozessen und Produkten. Beispiele hierfür sind zum einen leistungsfähigere Motoren oder Wärmedämmungen, die einen Beitrag zur Energieeinsparung leisten [6].

Die **Konsistenzstrategie** konzentriert sich im Gegensatz dazu auf eine „qualitative Transformation der industriellen Stoffumsätze" [7] und ist somit stärker systematisch ausgerichtet, während sich Effizienz in erster Linie auf Mengenaspekte bezieht. Sie hat die umweltverträgliche Beschaffenheit von Stoffströmen zum Ziel. Unter konsistenten Stoffströmen werden Stoffströme verstanden, die ohne Störungen in einen abgeschlossen technischen Eigenkreislauf geführt werden können. Zudem wird damit gemeint, dass sie sich mit den Stoffwechselprozessen der umgebenen Natur so ähnlich sind, dass eine Einführung dieser selbst in großen Mengen unbedenklich ist [7]. Insgesamt zielt die Strategie der Konsistenz also auf eine Veränderung der Qualität der Stoff- und Energieströme ab [5].

Die Strategie der **Suffizienz** hat die Reduktion des Ressourcenverbrauchs zum Ziel, indem die Nachfrage nach Gütern reduziert wird [2]. Dabei geht es nicht um die Einsparung von Material und Energie. Primär soll auf die Art und Qualität der Stoffe und ihre nachhaltige Bewirtschaftung geachtet werden. Hierbei zeigt sich die Notwendigkeit an neuen Denkweisen und revolutionären Technologien. Suffizienz ist auf die Umverteilung und das Teilen von Gütern gerichtet [8].

Suffizienz umfasst die Schritte, Maßnahmen, Werkzeuge und Strategien von Einzelpersonen und Organisationen, die Ressourcen durch Verhaltensänderungen einsparen können. Sie zielen darauf ab, Energie und Rohstoffe anderweitig zu nutzen und weniger von ihnen zu verbrauchen als bisher [5].

2.2 Kreislaufwirtschaft

Aufgrund der begrenzten Verfügbarkeit natürlicher Ressourcen sowie der verheerenden Folgen für Mensch und Umwelt durch ihre Degradation, Weiterverarbeitung und Entsorgung stößt das lineare Wirtschaftssystem an seine Grenzen. Das lineare Wirtschaftsmodell stellt den aufwendigen Abbau endlicher Ressourcen, die anschließende Weiterverarbeitung zu Waren mit oft nur einem einmaligen, relativ kurzen Nutzungszeitraum und die Entsorgung, wenn sie bestimmte Vorgaben nicht mehr erfüllen, obwohl sie möglicherweise noch voll funktionsfähig sind und an anderer Stelle dringend benötigt werden, dar [9].

Auf diese Weise kommt es zum Beispiel durch den Abbau von Grünflächen zur Zerstörung wichtiger Lebensräume, zur Reduktion der Biodiversität sowie zur Verunreinigung des Trinkwassers und der Böden. Die daraus resultierenden Umweltauswirkungen sind enorm, während gleichzeitig das weltweit noch verfügbare CO_2-Budget kontinuierlich abnimmt. Dies führt zu geopolitischen Spannungen und Abhängigkeiten, die weitere Konsequenzen mit sich führen. Die Folgen unseres Handelns machen sich durch gegenwärtige Klimaereignisse zunehmend bemerkbar. Aus diesem Grund ist der Fokus auf den Erhalt der Qualität zu legen und eine mögliche Kreislaufführung zwischen den Phasen der Herstellung und Nutzung zu schaffen (Abb. 2.2) [9].

Die Kreislaufwirtschaft kann als eine Variante der Konsistenzstrategie verstanden werden [2]. Sie zielt nicht nur auf Effizienzsteigerung ab, sondern sieht eine insgesamt naturverträgliche und ressourcenschonende Gestaltung des Wirtschaftssystems einschließlich aller Prozesse in der Anthroposphäre vor [10].

Die Kreislaufwirtschaft, auf Englisch Circular Economy, basiert auf folgenden Grundsätzen der Ellen MacArthur Foundation:

1. *„Beseitigung von Abfall und Umweltverschmutzung*
2. *Produkte und Materialien in Umlauf bringen*
3. *Regenerierung der Natur“* [11]

Um Rohstoffe möglichst lange zu nutzen, bevor sie durch Recycling zu Sekundärrohstoffen werden, zielt die Kreislaufwirtschaft darauf ab, wie ein natürlich geschlossener Kreislauf zu funktionieren [12].

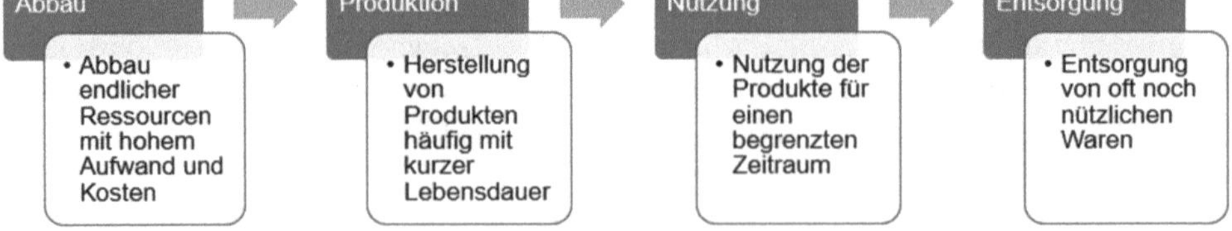

Abb. 2.2 lineares Wirtschaftssystem. (Eigene Darstellung in Anlehnung an [9])

Als Sekundärrohstoffe werden die Rohstoffe bezeichnet, die aus stofflichen Rückständen der Produktion oder der Nutzung durch Aufbereitungsprozesse bereits verwendeter Materialien entstehen. Die Rückgewinnung dieser Stoffe erfolgt durch Recycling [13]. Sekundärrohstoffe müssen jedoch die gleichen Eigenschaften wie Primärrohstoffe aufweisen, damit sie wieder als gleichwertige Rohstoffe verwendet werden können. Dazu gehören unter anderem die Qualität und andere Merkmale der Stoffe [14].

Die lange Lebensdauer der Rohstoffe und Materialien, die zur Herstellung der Endprodukte verwendet werden, sorgt ebenfalls für einen langfristigen Werterhalt. Gleichzeitig erfolgt eine Steigerung der Nutzungsdauer und -intensität der verwendeten Stoffe, da das Produkt so häufig wie möglich verwendet wird und dabei nur geringe Abfall- und Restmengen entstehen [12].

Die Produkte werden auch so entwickelt und hergestellt, dass die Entstehung von Abfällen weitgehend, möglichst vollständig, vermieden wird. Dabei erfüllen die Produkte dennoch ihre Funktion und lassen sich auf andere Weise wiederverwenden (Abb. 2.3) [10].

Zentral für die Kreislaufwirtschaft sind die drei R-Prinzipien: Reduce (Reduktion), Reuse (Wiederverwendung) und Recycle (Recycling). Sie bilden das Fundament für eine nachhaltige Nutzung von Ressourcen und die Minimierung von Abfall [15].

Das erste Prinzip „Reduce" beschreibt die Minimierung, Verringerung und Vermeidung des Ressourcenverbrauchs. Darunter zählt sowohl die effiziente Nutzung vorhandener

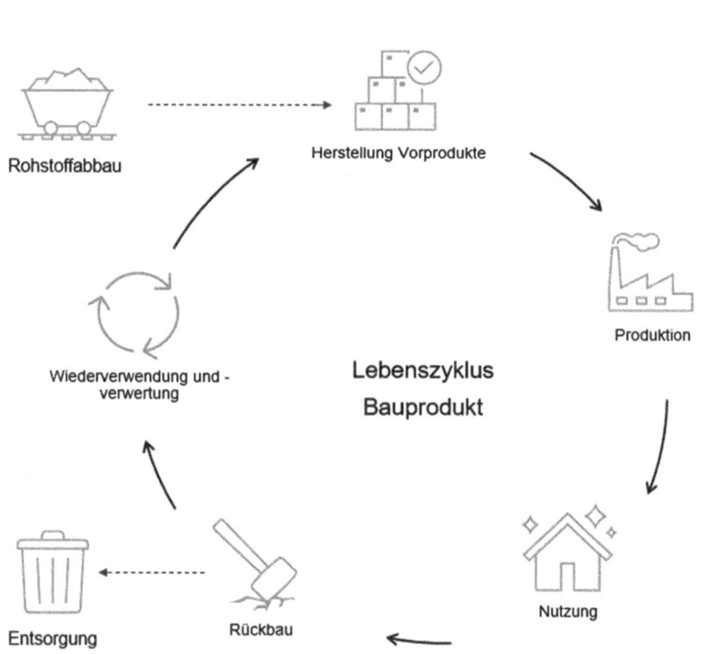

Abb. 2.3 Lebenszyklus eines Bauproduktes im Sinne der Kreislaufwirtschaft. (Eigene Darstellung in Anlehnung an [9])

Ressourcen als auch die Entwicklung und Anwendung von Technologien und Praktiken, die zur Reduktion des Gesamtverbrauchs beitragen. Ziel ist es, das natürliche Kapital zu erhalten und negative Auswirkungen auf die Umwelt zu reduzieren [15].

Das zweite Prinzip „Reuse" steht für die Wiederverwendung von Ressourcen und das Schließen von Kreisläufen. Die Reparatur und Aufbereitung von Produkten sowie die Förderung von Systemen, die eine Mehrfachnutzung von Produkten und Materialien vor ihrer Entsorgung oder ihrem Recycling ermöglichen, können darunter verstanden werden. Hergestellte Produkte oder ein großer Teil ihrer Bestandteile können für andere Zwecke genutzt werden, sodass keine Verwertung notwendig ist. Dadurch wird ein Beitrag zur Verringerung des Bedarfs an neuen Ressourcen und zur Verlängerung des Lebenszyklus von Produkten geleistet [15].

Das dritte Prinzip „Recycle" zielt auf die Wiederaufbereitung von Materialien nach ihrer Nutzung ab, insbesondere durch die Rückführung von Produktions- und Konsumabfällen in den Wirtschaftskreislauf. Die Schließung des Kreislaufes und die Verringerung der Notwendigkeit, neue Rohstoffe zu gewinnen, führt durch die Ressourcenschonung zum Umweltschutz. Zudem trägt Recycling sowohl zur Material- und Energiekostenminderung als auch zur Vermeidung der Rückstandsabgabe in die natürliche Umwelt mit dem Entfallen von Entsorgungskosten bei. Beim Recycling werden dabei drei Arten unterschieden: die Wiederverwendung, Weiterverwendung und Weiterverwertung. Erstere stellt den Einsatz für den ursprünglichen Verwendungszweck dar. Bei der Weiterverwendung handelt es sich um den Einsatz der Rückstände für andere Zwecke. Zuletzt beschreibt die Weiterverwertung die Herstellung von Sekundärrohstoffen, um sie in den Produktionsprozess, dem sie entstammen, wieder einzusetzen [13].

Cradle to Cradle

Das Konzept der Circular Economy hat die Denkweise von „Cradle to Cradle" (C2C) als Basis. Seinen Ursprung hat der Ausdruck im Englischen und bedeutet „von der Wiege zur Wiege". Das Konzept wurde Ende des 20. Jahrhunderts gemeinsam von *Michael Braungart, William McDonugh* und der *EPEA* (Environmental Protection Encouragement Agency) GmbH, die Teil der Drees & Sommer Hamburg ist, entwickelt. Dabei besteht das Ziel darin, ein Gleichgewicht zwischen Wirtschaft und Natur zu schaffen, um Fortschritt, Qualität und ein gutes Design zu erreichen. C2C umfasst eine sichere und im Idealfall nie endende Zirkulation von Materialien, Rohstoffen und Nährstoffen in Kreisläufen. Dabei handelt es sich um Inhaltsstoffe, die chemisch unbedenklich und kreislauffähig sind. Eine Freisetzung von Stoffströmen durch Produkte ist hierbei unerwünscht, da diese Produkte Schäden für die Umwelt zur Folge haben und nicht für eine weitere Nutzung vorgesehen sind. Im Fokus der Konzeptidee steht sowohl die Vermeidung von Abfall im herkömmlichen Sinne als auch die Verschwendung. Stattdessen werden alle Materialien einer neuen Nutzung zugeführt, wobei Abfall als wertvolle Grundlage für neue Produkte betrachtet wird [13].

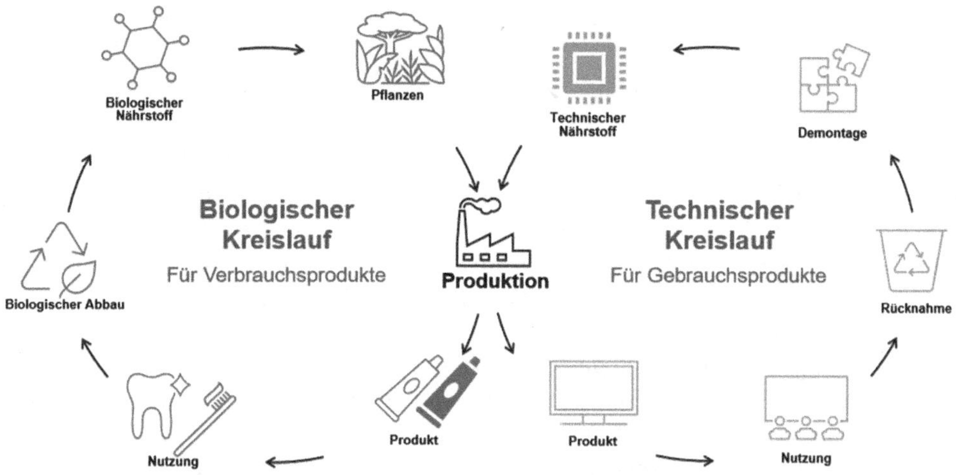

Abb. 2.4 Biologischer und technischer Kreislauf gemäß Cradle to Cradle. (Eigene Darstellung in Anlehnung an [17])

Unterschieden wird bei C2C zwischen dem biologischen und dem technischen Kreislauf. Das Ziel ist, die Entwicklung von Produkten mit der Rückführung biologischer Nährstoffe in biologische Kreisläufe oder der kontinuierlichen Einbindung technischer Nährstoffe in technische Kreisläufe. Daraus ergibt sich, dass die für die Produktion relevanten Materialien recyclebar oder kompostierbar sein müssen und die Herstellungsprozesse keine Schäden für Mensch und Natur verursachen dürfen. Für den biologischen Kreislauf ist es entscheidend, dass der Abfall eines alten Produktes die Grundlage für die Herstellung eines Neuen bildet. Es handelt sich in diesem Kreislauf also um die Zirkulation von Verbrauchsgütern, die biologisch abbaubar und wiederverwendbar sind. Der technische Kreislauf hingegen beschreibt die Zirkulation von Gebrauchsgütern, was bedeutet, dass die Materialien nach Gebrauch und Nutzung wieder in ihre ursprüngliche und sortenreine Bestandteile zerlegt werden können, um sie erneut in einen technischen Kreislauf einzubringen (Abb. 2.4) [16].

2.3 Nachhaltige Materialien

Um eine nachhaltige Bauweise zu erreichen, ist es erforderlich, die Dimensionen der Nachhaltigkeit, also Ökologie, Ökonomie und Soziokulturelles, zu berücksichtigen. Zudem ist auch die Betrachtung des vollständigen Lebenszyklus von großer Bedeutung. Bei dieser Betrachtungsweise reicht es jedoch nicht aus, nur den CO_2-Fußabdruck bei der Materialwahl zu beachten. Hinzu kommt, dass zur Schonung von Ressourcen auch die Wiederverwendung und Recyclingfähigkeit von Materialien zu berücksichtigen sind. Auch für Mensch und Umwelt schädliche Inhaltsstoffe sind zu vermeiden. Die Herstellung der Produkte hat ebenfalls unter sozial- und umweltverträglichen Standards zu erfolgen [18].

Um ein Material als nachhaltig zu bewerten, ist es notwendig verschiedene Kriterien zu beachten. Dabei sind für unterschiedliche Produkte unterschiedliche Kriterien von Bedeutung [19]. Die Aufgabe des Planenden besteht darin, die vorliegenden Informationen zu einem Material richtig einzuordnen und zu bewerten, damit das Ziel eines nachhaltigen Gebäudes in seiner Gesamtheit erreicht wird [18].

Nachhaltige Materialien zeichnen sich durch die Regionalität, Schadstofffreiheit, Ressourceneffizienz und Langlebigkeit aus. Von regionalen Materialien ist die Rede, wenn diese einen kurzen Lieferweg haben und dadurch geringere CO_2-Emissionen verursachen und somit weniger Umweltschäden anrichten. Ressourceneffizienz ist die wirksame Nutzung immer knapper werdender Rohstoffe. Dabei geht es nicht nur um das Material als Ressource, sondern auch um den Wasserverbrauch und Energieeinsatz bei der Herstellung eines Produktes. Durch den geringeren Verbrauch von Rohstoffen wird ein positiver Effekt für die Umwelt erzielt, indem ihr weniger Rohstoffe entzogen und dadurch weniger Emissionen freigesetzt werden. Zur Ressourceneffizienz gehören sowohl die Materialeffizienz als auch die Wasser- und Energieschonung. Die Materialeffizienz macht sich durch einen besonders geringen Einsatz von Ressourcen erkennbar. Das Produkt erfüllt dennoch dieselben technischen und physikalischen Anforderungen wie das Ausgangsprodukt. Die Leichtbauweise ist ein Beispiel hierfür, da unter anderem durch ein Wabensystem Material eingespart und gleichzeitig eine adäquate Stabilität gewährleistet wird. Die Wasser- und Energieschonung beruht auf dem sparsamen Umgang mit diesen Ressourcen oder bspw. dem Einsatz von regenerativen Energiequellen [20]. Gleichzeitig ist es möglich, durch den sparsamen Einsatz von Ressourcen Kosteneinsparungen bei bspw. Heiz- und Stromkosten zu erzielen [4]. Durch die zuvor genannten Punkte wird ein Beitrag zum Klimaschutz geleistet [18].

Die Dauerhaftigkeit nachhaltiger Materialien zeichnet sich durch eine besonders lange Nutzungsdauer aus. Denn je länger der Lebenszyklus eines Materials ist, desto ökologischer ist es [20].

Ein zusätzliches Kriterium zur Beurteilung der Nachhaltigkeit von Materialien ist die Wiederverwendbar- und Recyclingfähigkeit. Die Recyclingfähigkeit kann sich dabei nur am aktuellen Stand der Recyclingtechnik orientieren. Dennoch sind freiwillige Rücknahmesysteme und Recyclingprozesse, die sich noch in der Entwicklung befinden, sinnvoll, um Materialien nach ihrer Nutzungsdauer zu recyceln oder für andere Zwecke wiederzuverwenden. Somit wird ein Beitrag zur Reduktion von Abfall zu leisten [19].

Um eine Aussage über die Nachhaltigkeit verschiedener Baumaterialien zu treffen und Baufachleuten bei der Umsetzung von nachhaltiger Planung zu unterstützen, gibt es verschiedene Planungshilfen und Leitfäden der Fachverbände. Diese gibt es bspw. für den Beton- und Holzbau [21].

Zertifizierungen der Materialien können ebenfalls bei der Beurteilung der Nachhaltigkeit unterstützen. Jedoch bedeutet eine nicht vorhandene Zertifizierung nicht zwangsläufig, dass das Produkt schlechtere Eigenschaften als ein zertifiziertes Produkt besitzt [20].

Um die richtige Entscheidung bei der Baustoffauswahl zu treffen, gibt es weitere freiwillige Systeme, die dabei Hilfestellung leisten können.

Die Plattform WECOBIS wird vom Bundesministerium für Wohnen, Stadtentwicklung und Bauwesen und der Bayerischen Architektenkammer bereitgestellt und dient zur herstellerunabhängigen Information über die Umwelt- und Gesundheitsverträglichkeit von Bauprodukten und Baustoffen, um Planer, Architekten und weitere am Bau Beteiligte bei der Auswahl ökologischer Produkte zu unterstützen [22].

Der Blaue Engel kommt vom Umweltbundesministerium und ist eine freiwillige Kennzeichnung von umweltschonenden Produkten. Das Ziel dabei ist es, eine Orientierung bei der Auswahl umweltfreundlicher Produkte zu geben [23].

Umweltproduktdeklarationen (Environmental Products Declaration oder kurz: EPDs) stammen vom Institut für Bauen und Umwelt und basieren auf den Normen ISO 14025 und EN 15804 bzw. ISO 21930 [19]. Sie bilden eine Vielzahl verschiedener Umwelteinflüsse der Bauprodukte über den gesamten Lebenszyklus ab und sind aufgrund der Angabe von Ökobilanzdaten Grundlage für die Bewertung nachhaltiger Gebäude und Gebäudezertifizierungssysteme [21].

Die ÖKOBAUDAT ist eine Datenbank mit Ökobilanz-Datensätzen zu Bauprodukten und EPDs, die öffentlich zugänglich sind und zur Bewertung der Nachhaltigkeit von Bauprodukten dienen [21].

2.4 Einzelhandelsimmobilie

Der Einzelhandel stellt einen bedeutenden Wirtschaftszweig in Deutschland dar. Der Umsatz des Einzelhandels betrug zuletzt etwa 630 Mrd. Euro. Dabei stellt der Handel mit Lebensmitteln den größten Bereich des Einzelhandels dar [24].

Die Gesamtverkaufsfläche in Deutschland lag im Jahr 2022 bei rund 124,5 Mio. m^2, wobei in den vergangenen Jahren eine Stagnation der Verkaufsfläche im Einzelhandel festgestellt werden konnte [25].

Einzelhandelsimmobilien sind Gebäude, die Verkaufsflächen für den Verkauf von Waren an den Endverbraucher bereitstellen. Die Verkaufsflächen einer solchen Immobilie werden zur Präsentation der zum Verkauf stehenden Waren für den Endverbraucher genutzt. Aus diesem Grund sind Einzelhandelsimmobilien mit hohen Anforderungen verbunden. Sie treten nicht nur in Form von klassischen Ladengeschäften in Stadtlage auf, sondern auch als Supermärkte, Fachmarktzentren und multifunktionalen Shopping-Center [26].

Die Bestandsflächen des Einzelhandels in Deutschland sind, wie bereits beschrieben, enorm. Berlin weist mit 7,45 Mio. m^2 Einzelhandelsflächenbestand den größten Bestand in Deutschland auf [27].

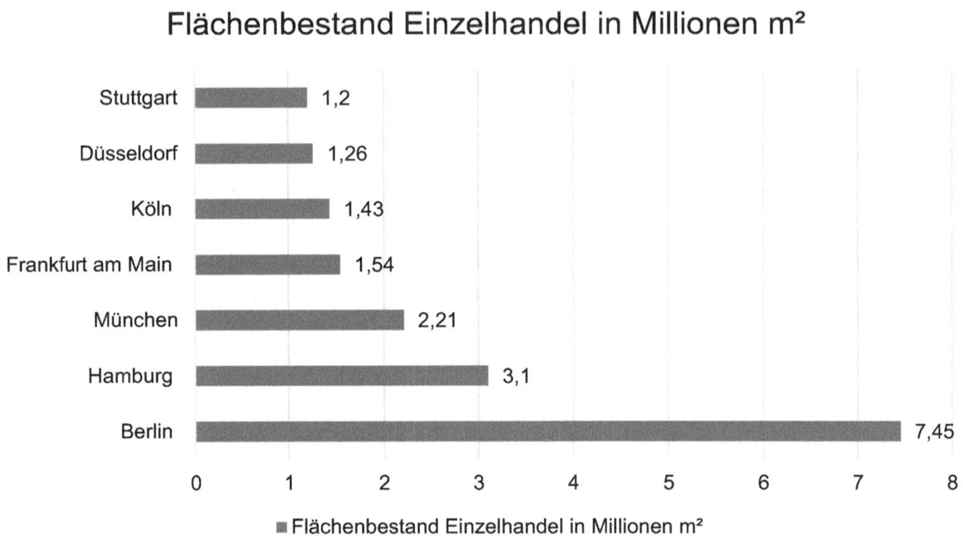

Abb. 2.5 Einzelhandelsflächen in Deutschland [27–33]

In der folgenden Abbildung sind die Bestandsflächen des Einzelhandels in Millionen m^2 in sieben Städten Deutschlands im Jahr 2022 dargestellt. Einerseits zeigen die Bestandsflächen, wie viel Raum umgestaltet und verbaut wurde, andererseits das Potenzial für eine nachhaltige Umgestaltung von Ladenflächen (Abb. 2.5).

Literatur

1. Wördenweber, M. Nachhaltigkeitsmanagement: Grundlagen und Praxis unternehmerischen Handelns, 1. Auflage, Stuttgart: Schäffer-Poeschel, 2017.
2. Jacob, M. Digitalisierung & Nachhaltigkeit – eine unternehmerische Perspektive, 1.Auflage, Springer, 2019.
3. Batz, M. Nachhaltigkeit in der Sozialwirtschaft: Eine Einführung, 1. Auflage, Springer VS, 2021.
4. Profi Guide https://www.jh-profishop.de/profi-guide/nachhaltiges-bauen/, 16.07.2024.
5. De Haan, Peter Energie-Effizienz und Reboundeffekte: Entstehung, Ausmass, Eindämmung, Schlussbericht, ETH Zürich, 2009.
6. Behrendt, S. et al. Effizienz, Konsistenz, Suffizienz – Strategieanalytische Betrachtung für eine Green Economy, Institut für Zukunftsstudien und Technologiebewertung, Berlin, 2018.
7. Huber, J. Industrielle Ökologie: Konsistenz, Effizienz und Suffizienz in zyklusanalytischer Betrachtung, Preprint Konferenzbeitrag, Baden-Baden, 2000.
8. Linz, M. et al. Von nichts zu viel: Suffizienz gehört zur Zukunftsfähigkeit. Über ein Arbeitsvorhaben des Wuppertal Instituts, Wuppertal Papers, No. 125, 2002.
9. Deutsche Gesellschaft für Nachhaltiges Bauen Circular Economy – Kreisläufe schließen, heißt zukunftsfähig sein, Report Januar 2019, 2019.

10. Umweltbundesamt Leitsätze einer Kreislaufwirtschaft, Stand Februar 2020, Dessau-Roßlau, 2020.
11. Ellen MacArthur Foundation https://www.ellenmacarthurfoundation.org/topics/circular-economy-introduction/overview, 22.07.2024.
12. Münger, A. Kreislaufwirtschaft als Strategie der Zukunft, Haufe Group, Freiburg, 1. Auflage, Juli 2021.
13. Bergwanger, J. et al. 250 Keywords Umweltmanagement: Grundwissen für Manager, 2. Aktualisierte Auflage, Springer Gabler, 2019.
14. Institut für Energie- und Umweltforschung Heidelberg https://www.ifeu.de/themen/ressourcen/kreislaufwirtschaft/verwertung-recycling/, 22.07.2024.
15. Von Hauff, M. Grundwissen Circular Economy, 2. Erw. Auflage, UVK Verlag, 2023.
16. EPEA GmbH – Part of Drees & Sommer https://www.epea.com/ueber-uns/cradle-to-cradle, 22.07.2024.
17. Cradle to Cradle NGO https://c2c.ngo/cradle-to-cradle-beispiele/, 22.07.2024.
18. Deutsche Gesellschaft für Nachhaltiges Bauen Bauprodukte im Blick der Nachhaltigkeit, Report September 2022, 2022.
19. Umweltbundesamt https://www.umweltbundesamt.de/themen/wirtschaft-konsum/produkte/bauprodukte/nachhaltige-nutzung-natuerlicher-ressourcen-im, 23.07.2024.
20. Bäuerle H. et al. Ökologische Materialien in der Baubranche, 1. Auflage, Springer Vieweg, 2021.
21. Deutsches Institut für Bautechnik https://www.dibt.de/de/sie-sind/nachhaltiges-bauen, 23.07.2024.
22. Bundesministerium für Wohnen, Stadtentwicklung und Bauwesen https://www.wecobis.de/, 23.07.2024.
23. Blauer Engel – Das Umweltzeichen https://www.blauer-engel.de/de, 23.07.2024.
24. statista https://de.statista.com/themen/136/einzelhandel-in-deutschland/, 20.07.2024.
25. statista https://de.statista.com/statistik/daten/studie/70202/umfrage/entwicklung-der-verkaufsflaeche-im-einzelhandel-in-deutschland-zeitreihe/, 20.07.2024.
26. statista https://de.statista.com/themen/5029/einzelhandelsimmobilien/#topicOverview, 20.07.2024.
27. statista https://de.statista.com/statistik/daten/studie/770745/umfrage/bestand-an-einzelhandelsflaechen-in-berlin/, 21.07.2024.
28. statista https://de.statista.com/statistik/daten/studie/782545/umfrage/bestand-an-einzelhandelsflaechen-in-stuttgart/, 22.07.2024.
29. statista https://de.statista.com/statistik/daten/studie/641877/umfrage/bestand-an-einzelhandelsflaechen-in-duesseldorf/, 22.07.2024.
30. statista https://de.statista.com/statistik/daten/studie/645507/umfrage/bestand-an-einzelhandelsflaechen-in-koeln/, 22.07.2024.
31. statista https://de.statista.com/statistik/daten/studie/770749/umfrage/bestand-an-einzelhandelsflaechen-in-frankfurt-am-main/, 22.07.2024.
32. statista https://de.statista.com/statistik/daten/studie/643979/umfrage/bestand-an-einzelhandelsflaechen-in-muenchen/, 22.07.2024.
33. statista https://de.statista.com/statistik/daten/studie/770747/umfrage/bestand-an-einzelhandelsflaechen-in-hamburg/, 22.07.2024.

Stand der Technik und der Forschung 3

3.1 Normen, Gesetze und Richtlinien

Der Stand der Technik wird in Bezug auf bestehende Standards und vorhandene Bewertungs- und Zertifizierungssysteme analysiert. Die Untersuchung richtet sich hierbei zum einen auf die Themenbereiche der Kreislaufwirtschaft und die Bewertung von nachhaltigen Materialien und zum anderen auf die Vorgaben für Einzelhandelsimmobilien.

Green Deal

Bereits im Dezember 2019 hat die Europäische Kommission den europäischen Green Deal vorgestellt, der einen Fahrplan für eine nachhaltigere Wirtschaft in der EU beinhaltet. Es geht darum, alle klima- und umweltpolitischen Herausforderungen in Chancen umzuwandeln und den Übergang für alle gerecht und inklusiv zu gestalten [1].

Der Green Deal ist eine Wachstumsstrategie mit dem Ziel einer fairen und wohlhabenden Gesellschaft mit einer modernen, ressourceneffizienten und wettbewerbsfähigen Wirtschaft. In dieser sollen bis zum Jahr 2050 keine Netto-Treibhausgasemissionen mehr freigesetzt werden und das Wirtschaftswachstum soll sich von der Ressourcennutzung abkoppeln. Weitere Ziele, die verfolgt werden, sind das Null-Schadstoff-Ziel für eine schadstofffreie Umwelt, die Erhaltung und Wiederherstellung der Ökosysteme und Biodiversität, ein faires, gesundes und umweltfreundliches Lebensmittelsystem sowie eine schnellere Umstellung auf eine nachhaltige und intelligente Mobilität. Für den Bau sieht der Green Deal die Steigerung der Renovierungsquoten zur Senkung von Energiekosten und Verringerung der Energiearmut vor [2].

E. Sakris, *Chancen und Herausforderungen für nachhaltiges und kreislaufgerechtes Bauen von Einzelhandelsimmobilien,* Entwicklung neuer Ansätze zum nachhaltigen Planen und Bauen, https://doi.org/10.1007/978-3-658-47954-1_3

EU-Taxonomie

Im Juni 2021 hat die EU-Taxonomie, welche ein für die EU gültiges System zur Klassifizierung von nachhaltigen Wirtschaftsaktivitäten ist, Kriterien vorgelegt, um die Investitionen in nachhaltige und klimaschonende Aktivitäten in der EU zu steigern, mit dem Ziel die Umweltbilanz in Unternehmensberichten sichtbar zu machen [3].

Die Umweltziele der EU-Taxonomie sind folgende:

1. *„Klimaschutz;*
2. *Anpassung an den Klimawandel;*
3. *die nachhaltige Nutzung und der Schutz von Wasser oder Meeresressourcen;*
4. *der Übergang zu einer Kreislaufwirtschaft;*
5. *Vermeidung und Verminderung der Umweltverschmutzung;*
6. *der Schutz und Wiederherstellung von Biodiversität und Ökosystemen"* [4]

Kreislaufwirtschaftsgesetz

Auf Bundesebene trat im Juni 2012 das Kreislaufwirtschaftsgesetz (KrWG) in Kraft, das die Förderung der Kreislaufwirtschaft durch die Schonung natürlicher Ressourcen zum Ziel hat. Auch die Gewährleistung der Unversehrtheit von Mensch und Natur ist hinsichtlich der Abfallentstehung und -bewirtschaftung Ziel des KrWG [5].

§ 3 Abs. 1 KrWG definiert Abfälle sinngemäß als Produkte und Materialien, von denen sich ihr Inhaber trennen will. Im Sinne des KrWG bilden auch jene Stoffe Abfälle, die einer erneuten Verwendung bzw. einer Verwertung zugeführt werden [5].

Im KrWG wird eine Hierarchie zur Verwertung der Abfälle definiert. Diese nennt als oberstes Kriterium die Vermeidung der Entstehung von Abfällen. Ist das Auftreten von Abfallstoffen nicht vermeidbar, sind diese möglichst hochwertig wiederzuverwenden und zu verwerten. Eine Wieder- bzw. Weiterverwendung von Bauteilen ist gemäß der Abfallhierarchie gegenüber einer Verwertung zu bevorzugen. Es existieren unterschiedliche Stufen der Verwertung. Eine Rückführung in ökologische Kreisläufe und ein Recycling in qualitativ gleichwertige Produkte sind anzustreben. Die stoffliche und energetische Verwertung bildet weitere Formen, die den Wert der Materialien mindern. Worst-Case-Methoden stellen die Beseitigung der Materialien durch eine Verbrennung ohne Nutzung der freiwerdenden Energie dar [5].

Das KrWG gibt in den §§ 6 Abs. 1 und 7 Abs. 2 eine Zielhierarchie zum Umgang mit Abfällen vor. Dabei steht die Vermeidung vor der Wiederverwendung, der Verwertung und diese vor der Beseitigung. Die Rangfolge zur Abfallvermeidung sieht wie folgt aus (Abb. 3.1):

Es ist jeweils die höchstmögliche Hierarchiestufe umzusetzen, um die geringsten Auswirkungen auf Mensch und Umwelt zu erzielen. Voraussetzung ist die technische und wirtschaftliche Machbarkeit der geplanten Maßnahmen anzusetzen. Ergänzend ist eine Analyse möglicher sozialer Konsequenzen erforderlich [5].

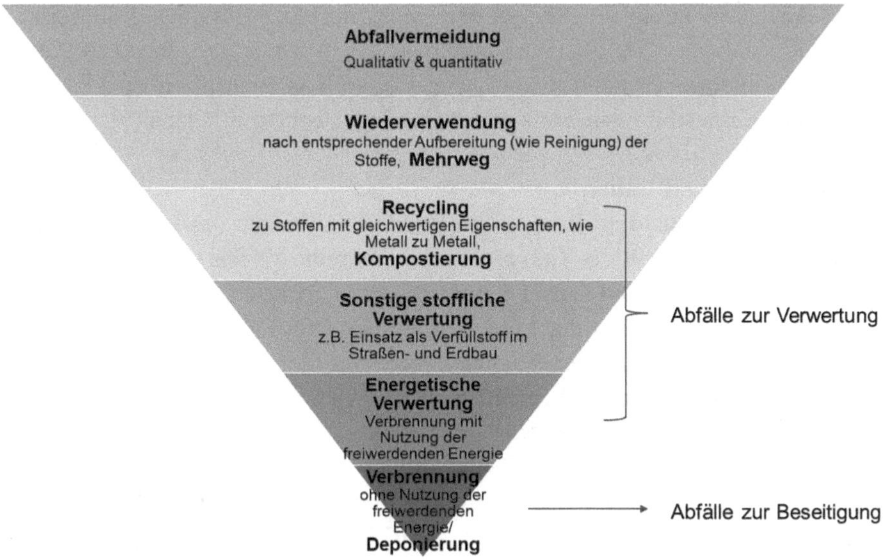

Abb. 3.1 Abfallhierarchie gemäß § 6 Abs. 1 KrWG. (Eigene Darstellung in Anlehnung an [5])

Folgende Aspekte sind in die Lebenszyklusbetrachtung zu integrieren:

1. *„die zu erwartenden Emissionen,*
2. *das Maß der Schonung natürlicher Ressourcen,*
3. *die einzusetzende oder zu gewinnende Energie sowie*
4. *die Anreicherung von Schadstoffen in Erzeugnissen, in Abfällen zur Verwertung oder in daraus gewonnen Erzeugnissen.*" [5]

Nationale Kreislaufwirtschaftsstrategie

Das Ziel der Bundesregierung besteht darin, Wirtschaftsprozesse zirkulärer und ressourcenschonender zu gestalten. Um diesen Prozess voranzutreiben, hat das Bundesministerium für Umwelt, Naturschutz, nukleare Sicherheit und Verbraucherschutz im Jahr 2024 einen Entwurf der Nationalen Kreislaufwirtschaftsstrategie (NKWS) erstellt. Auch hier stehen die Förderung der Kreislaufwirtschaft, der Umweltschutz und die Steigerung der Wettbewerbsfähigkeit Deutschlands im Vordergrund. Zu den Leitzielen der NKWS zählen:

1. Senkung des Primärrohstoffverbrauchs
2. Schließen von Stoffkreisläufen
3. Erhöhung der Rohstoffversorgungssicherheit und Rohstoffsouveränität
4. Vermeiden von Abfällen

Für die Bauindustrie strebt die NKWS eine Steigerung der Bestandserhaltung an. Für neue Gebäude sieht die NKWS eine langlebige, leicht sanierbare, schadstoffarme und gut wiederverwendbare Gestaltung vor. Beim Einsatz von Baustoffen ist der Fokus auf klimafreundliche Baustoffe, wie Holz und Recyclingbaustoffe zu setzen [6].

Leitfaden Nachhaltiges Bauen

Der Leitfaden für nachhaltiges Bauen vom Bundesministerium des Innern, für Bau und Heimat formuliert nachhaltige Zielvorgaben, beschreibt Verfahren und gibt Empfehlungen für alle Planungs- und Entscheidungsprozesse über den gesamten Lebenszyklus einer Immobilie. Dabei basiert der Leitfaden auf der DIN EN 15643-2 „Nachhaltigkeit von Bauwerken – Bewertung der Nachhaltigkeit von Gebäuden: Rahmenbedingungen für die Bewertung der umweltbezogenen Qualität" (Abb. 3.8) [7].

Baufachliche Richtlinien Recycling

Eine weitere Veröffentlichung des Bundesministeriums des Innern, für Bau und Heimat sind die Baufachlichen Richtlinien Recycling (BFR Recycling). Sie beinhalten Arbeitshilfen für die Planung und Ausführung notwendiger Maßnahmen und den Umgang sowohl mit Recycling-Baustoffen als auch mit Bau- und Abbruchabfällen. Zudem beschreiben sie Grundsätze für Stoffströme hinsichtlich Vermeidung, Verwertung und Beseitigung [9].

Für recycelte Materialien sieht die BFR Recycling vor, dass sie für den geplanten Verwendungszweck geeignet und aufeinander abgestimmt sind. Dabei spielt bei der Prüfung der Eignung die Pflicht zur Qualitäts- und Güteüberwachung eine bedeutende Rolle, damit die Brauchbarkeitskriterien für Bauprodukte weitestgehend erfüllt sind.

Zudem legt die BFR Recycling allgemeine Anforderungen an Recycling-Baustoffe mit mineralischer Zusammensetzung fest. Zu den Parametern, die dabei von Relevanz sind, zählen die **stoffliche Zusammensetzung**, die **Widerstandsfähigkeit** sowohl **gegen Verwitterung** als auch gegen **Schlagbeanspruchung**, die **Kornform und -größenverteilung**, die **Bruchfestigkeit**, die **Reinheit** und der Anteil an **schädlichen Bestandteilen**. Für Recycling-Baustoffe aus nicht-mineralischen Abfällen, wie Kunststoffe oder PVC, gelten die gleichen bau- und umwelttechnischen Anforderungen wie für Recycling-Baustoffe aus mineralischen Baustoffen [9].

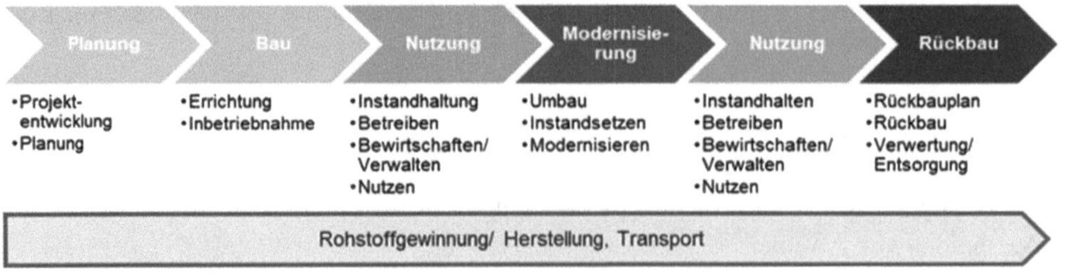

Abb. 3.2 Vereinfachte Darstellung des Lebenszyklus. (Eigene Darstellung in Anlehnung an [8])

DIN EN 15804

Die DIN EN 15804 „Nachhaltigkeit von Bauwerken – Umweltproduktdeklarationen – Grundregeln für die Produktkategorie Bauprodukte“ beinhaltet grundlegende Produktkategorieregeln für Umweltproduktdeklarationen für Bauprodukte und Bauleistungen aller Art. Dazu gehören bspw. die Beschreibung der Phasen eines Produktlebenszyklus, die in der EPD berücksichtigt werden und welche Prozesse einzubeziehen sind oder die Definition der Bedingungen, unter welchen Bauprodukten ein Vergleich auf Basis der Informationen aus der EPD erfolgen kann. Der Zweck einer EPD besteht darin, eine Grundlage für die Beschreibung und Beurteilung von Gebäuden zu schaffen und diejenigen mit geringen Umweltbelastungen zu identifizieren, indem Informationen zu gesundheitsbezogenen Emissionen in Innenraumluft, Boden und Wasser während der Nutzungsphase des Gebäudes angegeben werden. Es gibt verschiedene Arten von EPDs, die meist nur Informationen über die Herstellung liefern und eine Betrachtung der Nutzungs- und Entsorgungsphase nicht beinhalten. Die EPD enthält Kernindikatoren für die Umweltwirkungen und kann auch zusätzliche Indikatoren enthalten (Tab. 3.1) [10].

Für die Umweltinformationen zur Beschreibung von Output-Flüssen werden Komponenten für die Weiterverwendung, exportierte Energie und Stoffe zum Recycling sowie für die Energierückgewinnung betrachtet. Bei der Angabe von zusätzlichen Informationen wird auf die verschiedenen Phasen des Lebenszyklus eingegangen. Dabei werden unterschiedliche Punkte in Betracht gezogen (Tab. 3.2) [10].

Gemäß der DIN EN 15804 wird zur Bewertung von Daten und Kriterien eine Einstufung in Qualitätsniveaus angewandt. Dabei gibt es folgende Stufen:

- Sehr gut
- Gut
- Mittel
- Schlecht
- Sehr schlecht [10]

Entwurf DIN EN 15978

Der Entwurf der DIN EN 15978 „Nachhaltigkeit von Bauwerken – Bewertung der Umweltleistung von Gebäuden – Methodik“ beinhaltet Angaben zur Bewertung der

Tab. 3.1 Kernindikatoren und zusätzliche Umweltwirkungsindikatoren von EPDs [10]

Kernindikatoren	Zusätzliche Umweltwirkungsindikatoren
• Klimawandel in Bezug auf das Treibhausgaspotenzial • Ozonabbau • Versauerung • Eutrophierung Süßwasser/ Salzwasser/ Land • Photochemische Ozonbildung • Verknappung abiotischer Ressourcen	• Feinstaubemissionen • Menschliche Gesundheit • Ökotoxizität • Humantoxizität

Tab. 3.2 Output-Flüsse über den gesamten Lebenszyklus [10]

Transport zur Baustelle	• Treibstofftyp und -verbrauch des eingesetzten Fahrzeuges • Entfernungen • Auslastungen • Rohdichte der transportierten Produkte • Volumen-Auslastungsfaktor
Einbau des Produkts ins Gebäude	• Hilfs- und Betriebsstoffe für den Einbau • Einsatz von Süßwasserressourcen • Sonstiger Ressourceneinsatz • Abfallstoffe auf der Baustelle • Output-Stoffe • Direkte Emissionen in die Umgebungsluft, Boden und Wasser
Nutzungsphase	• Hilfs- und Betriebsstoffe für die jeweilige Phase • Abfallstoffe • Nettoverbrauch an Süßwasserressourcen • Energieeinsatz • Stofflicher Einsatz
Entsorgung	• Sammelverfahren, spezifiziert nach Art • Rückholverfahren, spezifiziert nach Art • Beseitigung, spezifiziert nach Art • Annahmen z. B. für den Transport

Nachhaltigkeit von Gebäuden. Die Indikatoren für die Bewertung basieren hierbei auf einer Materialliste des Gebäudes und den dazugehörigen Mengen der Bauwerksteile. Die Auswertung erfolgt mittels einer Punktevergabe. Zur Zuordnung von Demontagepotenzialen wird beispielsweise eine Kategorisierung in „A+++“, „A++“, „A+“ und „A“ gewählt. Auf die Punktevergabe wird im Rahmen der Norm nicht weiter eingegangen [11].

Verkaufsstättenverordnung

Die Verkaufsstättenverordnung gilt für jede Verkaufsstätte, die eine Fläche von 2000 m^2 überschreitet und stellt Anforderungen an die Immobilie einer Verkaufsstätte. In ihren Geltungsbereich fallen auch die Immobilien, welche im Rahmen dieser Arbeit betrachtet werden. Zu den wichtigsten Anforderungen, die bei verschiedenen Bauteilen der Immobilie thematisiert werden, gehören der Brandschutz und der Schutz der Menschen im Gebäude.[12]

Zusammenfassung

Für die vorliegende Arbeit kann dem Green-Deal die wichtige Bedeutung des nachhaltigen Handelns entnommen werden, indem die Ziele innerhalb der EU bis 2050 aufgezeigt werden. Darüber hinaus bringt die EU-Taxonomie durch ihre definierten Ziele zum Ausdruck, worauf beim nachhaltigen Bauen zu achten ist. Die genannten Ziele beinhalten die Grundgedanken, die später durch die definierten Bewertungskriterien im Konzept vertreten werden. Besonders der Aspekt des Klimaschutzes, der Übergang zu einer Kreislaufwirtschaft und die Vorbeugung oder Kontrolle von Umweltverschmutzung sind hierbei von großer Bedeutung. Bezogen auf das KrWG wird der Fokus auf die Stufen der Abfallhierarchie, vor allem die Abfallvermeidung und das Recycling, gelegt. Zudem wird für die Entwicklung des Bewertungskonzeptes die Lebenszyklusbetrachtung in einzelne Kriterien einfließt, indem auf die zu erwartenden Emissionen über den gesamten Lebenszyklus, die Schonung von natürlichen Ressourcen, die einzusetzende bzw. gewinnende Energie und Schadstofffreiheit eingegangen wird. Die Betrachtung des gesamten Lebenszyklus geht zudem aus dem Leitfaden für Nachhaltiges Bauen und aus der DIN EN 15804 hervor. Aus der NKWS sind für die Entwicklung des Bewertungskonzeptes die Berücksichtigung des Primärenergiebedarfs und die Abfallvermeidung relevant. Außerdem ist auf das Schließen von Stoffkreisläufen zu achten. Die BFR Recycling geben Parameter für die Zusammensetzung mineralischer Baustoffe an, wie die Widerstandsfähigkeit, Bruchfestigkeit und Schadstofffreiheit, die ebenfalls in Form von Kriterien ins Bewertungskonzept integriert werden können. Aus der DIN EN 15804 und dem Entwurf der DIN EN 15978 werden Bewertungsmethoden entnommen, wie die Bewertung von sehr gut bis sehr schlecht oder anhand der Bewertung von „A+++“ bis „A“. Im Entwicklungsprozess des Konzeptes kann in Anlehnung an diese Methoden ein Bewertungsverfahren festgelegt werden. Zuletzt wird in der Verkaufsstättenverordnung die Relevanz der erhöhten Belastbarkeit hinsichtlich des Brandschutzes deutlich.

3.2 Zertifizierungssysteme

3.2.1 Deutsche Gesellschaft für Nachhaltiges Bauen

Die Deutsche Gesellschaft für Nachhaltiges Bauen (DGNB) ist ein unabhängiger Non-Profit-Verein mit dem Ziel, die Nachhaltigkeit und den Klimaschutz durch Zertifizierungen von Bauprojekten voranzutreiben [13].

Um die Nachhaltigkeit bei Bauprojekten zu erreichen, ist es wichtig, die einzelnen Bauprodukte zu betrachten. Damit beschäftigt sich der DGNB-Navigator. Dabei handelt es sich um eine Bauprodukteplattform, die die Informationen von Herstellern zu produktspezifischen Nachhaltigkeitsaspekten mit der Nachfrage der Planenden vereint und gleichzeitig eine Verbindung zur DGNB-Zertifizierung herstellt. Aspekte, die dabei betrachtet werden, sind folgende:

- Verfügbarkeit und verantwortungsvolle Gewinnung der Ressourcen
- Auswirkungen der Erstellung auf die Umwelt
- Kosten über den gesamten Lebenszyklus
- Weiterverwendung/ Recycling/ Entsorgung nach Ende der Nutzungsdauer [14]

In einem Report der DGNB vom September 2022 wird die Nachhaltigkeit von Bauprodukten thematisiert. Als Grundlage für eine nachhaltige Materialwahl gibt die DGNB fünf Prinzipien vor:

- Suffizienz – Materialeinsparung
- Bezug zum Standort – Regionalität
- Gebäudekontext – Einsatzbereich
- Hierarchie der Nutzungsphasen planen
- Richtige Einordnung von Labels [15]

Abschn. 2.3 kann entnommen werden, dass bei der Materialauswahl der Klimaschutz, die Ressourcenschonung, der Schutz der Gesundheit und der Umwelt sowie die sozial- und umweltverträglichen Standards zu berücksichtigen sind. Um einen Bezug zu diesen Fragestellungen herzustellen und diese zu vertiefen, hat die DGNB eine Checkliste für die Materialwahl veröffentlicht (Tab. 3.3).

Die DGNB gliedert die Zertifizierung in sechs Kategorien und gewichtet diese entsprechend der nachfolgenden Abbildung (Abb. 3.3). Das Ergebnis der DGNB-Zertifizierung wird zu 56,6 % von Bauprodukten beeinflusst. Dabei nimmt die Bewertung der Bauprodukte auf alle Bereiche bis auf die Standortqualität Einfluss. Folgende Darstellung zeigt auf, auf welche Kriterien, aus den Kategorien ökologische, ökonomische und technische Qualität des DGNB Zertifizierungssystems, Bauprodukte einen direkten Einfluss nehmen. Unter direktem Einfluss werden die qualitativen und quantitativen Merkmale eines Produktes im Gebäudekontext verstanden [15].

Die DGNB geht im Rahmen ihres Zertifizierungsprozesses so vor, dass die einzelnen Kriterien mit einer maximal erreichbaren Punktzahl versehen sind. Bei Erfüllung einzelner Aspekte eines Kriteriums können Teilpunkte gesammelt werden, die

Tab. 3.3 Checkliste für die nachhaltige Materialwahl [15]

Klimaschutz	• Reduktion der CO_2-Emissionen bei massehaltigen Bauprodukten • Angebot CO_2-armer Bauteile • Beschränkung des Bauvolumens auf das Nötigste • Reduktion von Transportemissionen	*Ressourcenschonung*	• Beachtung Klimaschutzaspekte • Fokus auf Kreislaufwirtschaft • Trennbarkeit der Bauteil- und Materialverbindungen • Planung eines ressourcenschonenden Betriebes
Schutz der Gesundheit und Umwelt	• Ziel gesunder Innenräume und schadstofffreier Produkte • Verzicht auf Problemstoffe • Rechtzeitige Bemusterung und Kontrolle der Produkte • Beurteilung Recyclingprodukte bezüglich Schadstofffreiheit • Bereitstellung von Pflege- und Wartungsanleitungen für Nutzende	*Nachhaltige Lieferkette*	• Herkunft und Transportweg der Massen- und Volumenbaustoffe • Zertifizierung für eine nachhaltige Lieferkette

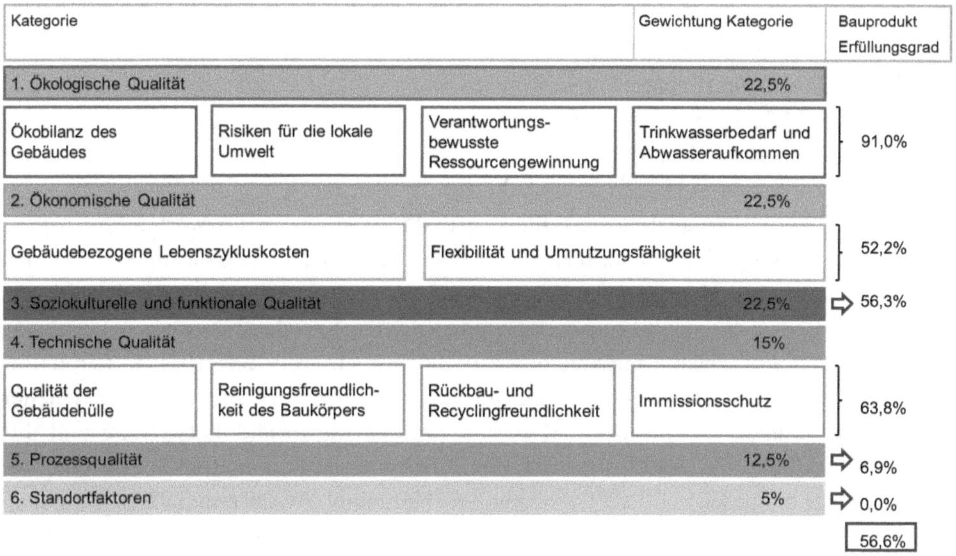

Abb. 3.3 Kategorien der DGNB-Zertifizierung und Kriterien, die auf die Bauprodukte direkten Einfluss haben. (Eigene Darstellung in Anlehnung an [15])

dann miteinander addiert werden. Zusätzlich zu den normalen Kriterien gibt es auch Bonuskriterien, die weitere Punkte erbringen können. Außerdem gibt es bei manchen Bewertungskriterien bereits eine Mindestanforderung, die mit null Punkten gewertet wird. Sobald die Mindestanforderung überschritten ist, können mehr Punkte erlangt werden. Im Rahmen der Zertifizierung sind alle Kriterien zu bewerten, da ansonsten ein Ausschluss aus der Zertifizierung erfolgt [16].

3.2.2 Cradle to Cradle Certified

Bei Cradle to Cradle Certified handelt es sich um einen Standard, der weltweit für die Entwicklung und Herstellung von Produkten verwendet wird, welche eine gesunde, gerechte sowie nachhaltige Zukunft ermöglichen. Die Zertifizierung von Cradle to Cradle Certified ist in vier Level gegliedert: Bronze, Silber, Gold und Platin. Je nachdem, welche Eigenschaften ein Produkt erfüllt, wird es in eine dieser Level eingestuft. Das Zertifizierungssystem unterstützt Unternehmen bei der Innovation und Optimierung von Materialien und Produkten nach den weltweit fortschrittlichsten wissenschaftlich fundierten Maßstäben. Es bietet den Rahmen, um die Sicherheit, Kreislauffähigkeit und Verantwortung von Materialien und Produkten zu bewerten und legt seinen Fokus dabei auf diese fünf Kategorien:

1. *„Materielle Gesundheit*
2. *Kreislauffähigkeit der Produkte*
3. *Luftqualität & Klimaschutz*
4. *Wasser- und Bodenverantwortung*
5. *Soziale Fairness“* [17]

Die erste Kategorie thematisiert die Inhaltsstoffe der Produkte und bewertet die Auswahl der verwendeten Chemikalien so, dass der Schutz der menschlichen Gesundheit und der Umwelt im Vordergrund steht. Dies hat auch positive Auswirkungen auf die Qualität der Materialien, die für die zukünftige Verwendung und den Kreislaufprozess zur Verfügung stehen. Unter der Kreislauffähigkeit der Produkte werden die bewusste Konzipierung dieser für ihre nächste Verwendung und das aktive Einbeziehen in den vorgesehenen Kreislauf verstanden. Für die dritte Kategorie werden die Produktherstellung und ihre positive Auswirkung auf die Luftqualität, die Versorgung mit erneuerbaren Energien und die Bilanz der klimawirksamen Treibhausgase betrachtet. Wasser und Boden sind als wertvolle und gemeinsam genutzte Ressourcen zu behandeln. Damit beschäftigt sich das vierte Kriterium und beachtet dabei den Schutz von Wassereinzugsgebieten und Bodenökosystemen sowie die Verfügbarkeit von sauberem Wasser und gesunden Böden für alle Menschen und Organismen. Die letzte Kategorie bewertet die Einhaltung der Menschenrechte sowie die Anwendung fairer und gerechter Geschäftspraktiken in einem Unternehmen [17].

3.2.3 LEED

LEED (Leadership in Energy and Environmental Design) ist ein weltweites Bewertungssystem für umweltfreundliche Gebäude. Neben Gebäuden des öffentlichen Bauens bewertet LEED auch Einzelhandelsimmobilien [18].

Die Zertifizierung ist in acht Kategorien mit einzelnen Kriterien unterteilt. Durch die Vergabe von Punkten kann am Ende eine Maximalpunktzahl von 110 Punkten erreicht werden, womit das betreffende Objekt dann mit der LEED-Zertifizierung Platin eingestuft werden würde. Damit ein Gebäude überhaupt eine Zertifizierung nach LEED erhält, werden mindestens 40 Punkte benötigt. Die Punkte teilen sich, wie nachfolgend dargestellt auf, wobei ein Punkt für den integrativen Prozess vergeben wird, welcher nicht in der Tab. 3.4 aufgeführt ist [19].

Da sich die vorliegende Arbeit mit der Bewertung von Materialien beschäftigt, wird vertiefend auf die Kategorie „Materialien und Ressourcen“ und die dazu gehörigen Kriterien eingegangen. Die relevanten Kriterien dieser Kategorie zeigt folgende Tab. 3.5:

Je nach Erfüllungsgrad der einzelnen Kriterien werden die möglichen Punkte in einer Projekt-Checkliste eingetragen. Diese ist so aufgebaut, dass bei positiver Erfüllung des Kriteriums die zugehörige Punktzahl in das grüne Feld eingetragen wird. Analog dazu erfolgt die Bewertung bei einer negativen Beurteilung oder wenn keine Aussage möglich

Tab. 3.4 Kategorien der LEED-Zertifizierung mit jeweiliger Gewichtung [18]

Kategorie	Anzahl der Kriterien	Gewichtung
Standort und Verkehr	8	16
Nachhaltige Standorte	7	10
Wassereffizienz	7	12
Energie und Atmosphäre	10	33
Materialien und Ressourcen	6	13
Umweltqualität in Innenräumen	10	15
Innovation	2	6
Regionalität	4	4

Tab. 3.5 Kriterien der LEED-Zertifizierung in der Kategorie „Materialien und Ressourcen" [19]

Kriterium	Gewichtung	Ja	?	Nein
Lagerung und Sammlung von Recyclingstoffen	Erforderlich	X		
Reduzierung der Auswirkungen von Gebäuden über den gesamten Lebenszyklus	5			
Umweltproduktdeklarationen (EPD)	2			
Beschaffung von Rohstoffen	2			
Material Inhaltsstoffe	2			
Management von Bau- und Abbruchabfällen	2			

ist. Am Ende werden die grünen Punkte summiert und geben Auskunft über das Level der Zertifizierung [19].

Zusammenfassung

Die betrachteten Zertifizierungssysteme zeigen die Relevanz und den Einfluss der einzelnen Materialien hinsichtlich der Gesamtbewertung eines Gebäudes. Für diese Arbeit sind die Kategorien und Kriterien der Zertifizierungssysteme von großer Bedeutung und dienen zur Orientierung für die Entwicklung des Bewertungskonzeptes. Die Systemvariante für Einzelhandelsimmobilien von LEED verdeutlicht die relevanten Aspekte für die Bewertung von Materialien. Für die Entwicklung des Bewertungskonzeptes ist das Bewertungsverfahren der DGNB und LEED durch die Addition der Teilpunkte der Kriterien interessant und kann als Grundlage übernommen werden. Bei LEED ist die Verteilung der Punkte auf die rote, gelbe oder grüne Spalte zu hinterfragen, da bei einer ungeraden Anzahl von Spalten häufig die mittlere bevorzugt gewählt wird, wenn keine genaue Aussage getroffen werden kann. Grundsätzlich ist die Einfärbung des Ergebnisses in drei Farben eine angemessene und allgemeinverständliche Methode, die übernommen werden kann.

3.3 Veröffentlichungen

Die im vorangegangenen Kapitel vorgestellten Bewertungs- und Zertifizierungssysteme liefern ein Grundgerüst, das bei der Entwicklung des Bewertungskonzeptes für nachhaltige Baumaterialien in Betracht gezogen werden kann. Allerdings können die aufgeführten Kategorien zur Bewertung von nachhaltigen Materialien nur bedingt genutzt werden. Denn die Zertifizierungssysteme beziehen sich auf die Gesamtbewertung eines Gebäudes und das Zusammenspiel einzelner Komponenten. Das zu entwickelnde Bewertungssystem soll jedoch auf einzelne Materialien anwendbar sein, weshalb eine Modifizierung der Kriterien notwendig ist. Zudem beziehen sich die Zertifizierungssysteme nur zum Teil auf Einzelhandelsimmobilien und deren Besonderheiten. Um bei der Erstellung eines angemessenen Konzeptes zu unterstützen und entsprechende Maßnahmen zu erarbeiten, ist eine Auseinandersetzung mit bereits vorhandenen Forschungsarbeiten notwendig.

Die nachfolgenden Forschungsarbeiten gehen teilweise auf die aufgeführte Problematik ein und können gemeinsam mit den angepassten Kriterien der DGNB, Cradle to Cradle Certified und LEED zur Entwicklung des Bewertungskonzeptes für nachhaltige Baumaterialien dienen. Die Auswertung der Arbeiten erfolgt zunächst durch die Beschreibung der Zielstellung und der Vorgehensweise. Anschließend wird untersucht, ob im Hinblick auf die Zielsetzung der vorliegenden Bachelorarbeit angewandte Methodiken aus den Veröffentlichungen übernommen werden können.

„Nachhaltigkeit im Bauwesen: Ökologische Analyse von Baustoffen und Bauteilen" – *Stephan, D.* (2018) [20]

Zielsetzung

Die Diplomarbeit von *Stephan* hat zum Ziel, einen Überblick über nachhaltiges Bauen zu geben, indem Vor- und Nachteile bestimmter Baustoffe und -teile herausgearbeitet werden, die sich aus dem Vergleich der ökologischen und mechanischen Eigenschaften der Baustoffe ergeben. Es gilt zu untersuchen, welche Baustoffe für das Bauwesen die optimalen und umweltfreundlichsten Eigenschaften bieten und ob ein universell einsetzbarer Baustoff auf Basis dieser Kriterien existiert. Im Mittelpunkt der Diplomarbeit steht die Analyse der Baustoffeigenschaften, um dadurch einen Anstoß zu geben, über konventionelle Bauweisen nachzudenken und ein besseres Verständnis der Thematik des nachhaltigen Bauens zu vermitteln.

Vorgehensweise

Im ersten Schritt der Diplomarbeit wird die Relevanz der Nachhaltigkeit aufgezeigt und die Grundlagen zur Berechnung mittels einer Ökobilanz vermittelt. Des Weiteren findet ein Vergleich diverser Bewertungssysteme statt, bevor im zweiten Teil der Arbeit die Ergebnisse einer systematischen Analyse der Umweltwirkungen von Baustoffen und gängigen Bauteilvariationen dargelegt werden. Nachdem der Vergleich der Ökobilanzdaten anhand repräsentativer Baustoffe durch einen komplexen Baustoffkatalog ergänzt wird, werden im letzten Teil Optimierungen zum Materialeinsatz im Bauprozess vorgeschlagen. Dabei liegt der Fokus auf den allgemeinen Planungsabläufen, dem Materiallebenszyklus und dem Gebäudelebenszyklus.

Verwendbare Methodik

Die Ausarbeitung der Bewertungskriterien von verschiedenen bauökologischen Zertifizierungssystemen ist für die vorliegende Arbeit von großer Bedeutung. Dennoch ist es notwendig, Anpassungen vorzunehmen, da diese sich auf die Bewertung von Gebäuden in ihrer Gesamtheit beziehen und nur einzelne Kriterien auf Baustoffe im Einzelnen eingehen. Auch die Gegenüberstellung verschiedener mechanischer Eigenschaften von Baumaterialien trägt dazu bei, die Bedeutung der wesentlichen Eigenschaften, die beachtet werden müssen, hervorzuheben. Die Eigenschaften, die hierbei betrachtet werden, sind folgende:

• Natürliche Rohstoffe	• Verarbeitung
• Primärenergiegehalt	• Raumklima
• Transportweg	• Wärmedämmung
• CO_2-Ausstoß	• Schallschutz
• Recyclingfähigkeit	• Brandschutz
• Druckfestigkeit/ Tragfähigkeit	• Feuchteschutz

Es wurde auch hier die Rot-grün Logik für negativ und positiv bewertete Kriterien angewandt. Grundsätzlich kann die angewandte Methode, die Bewertung tabellarisch mithilfe einer Farbgebung darzustellen, modifiziert übernommen werden, indem das Ergebnis des Bewertungskonzeptes am Ende farblich dargestellt wird, um es direkt einordnen zu können.

„Herausforderungen und Potenziale bei der Planung und Umsetzung von nachhaltigen und positiven Bauweisen in Deutschland" – *Amelunxen, A.* (2023) [21]

Zielsetzung

Das Ziel der Masterarbeit von *Amelunxen* ist, die Ursachen für die Problematik der Realisierung einer nachhaltig gebauten Umwelt aufzuzeigen. Mithilfe einer Umfrage und darauf aufbauenden Interviews sollen mögliche Herausforderungen bezüglich der mangelnden Umsetzung von nachhaltigen und positiven Bauweisen in der Praxis untersucht werden. Darüber hinaus soll anhand der Befragungen ermittelt werden, welche Lösungsansätze das höchste Potenzial aufweisen, um eine wirksame und zeitnahe Realisierung von nachhaltigem und positivem Bauen zu erreichen. Anschließend dienen die Ergebnisse als Grundlage für die Entwicklung effektiver Konzepte für die Realisierung positiver Bauweisen im Rahmen eines Forschungsprojektes. Die Übertragung der

Forschungsergebnisse und Erkenntnisse aus dem Projekt auf die Praxis soll gelingen, indem die aktuellen Herausforderungen und möglichen Lösungsansätze identifiziert werden.

Vorgehensweise
Die Masterarbeit beginnt mit der Erläuterung der Ausgangssituation und der theoretischen Einordnung wichtiger Schlüsselbegriffe. Daraufhin wird anhand des aktuellen Standes der Forschung und der Praxis herausgearbeitet, an welcher Stelle eine Anknüpfung in der Forschung notwendig ist. Daraus entsteht die Grundlage für die daraufhin erläuterten Forschungslücken, Hypothesen und Forschungsfragen. Durch die Anwendung von Umfragen und Interviews, die einer sozialempirischen Studie zugeordnet werden können, soll eine Untersuchung ermöglicht werden, durch welche die Genauigkeit und Gültigkeit hinsichtlich des Zieles gewährleistet wird. Nachdem die Zusammenfassung der Ergebnisse aus den Umfragen erfolgt, werden anschließend praxisbezogene Analysen durchgeführt, um bestehende Herausforderungen und potenzielle Lösungsansätze aufzuzeigen. Zuletzt werden auf Basis der Erkenntnisse die Handlungsempfehlung und der Ausblick formuliert, um den weiteren Forschungsbedarf aufzuzeigen.

Verwendbare Methodik
Trotz dessen, dass im Rahmen der vorliegenden Arbeit nicht das Durchführen von Interviews als Methode gewählt wurde, sind die Ergebnisse und Erkenntnisse der Umfragen der Masterarbeit von *Amelunxen* von großer Bedeutung. Die Betrachtung aus verschiedenen Perspektiven zeigt, dass so eine fundierte Wissensgrundlage geschaffen werden kann, um das Verständnis für die Thematik zu erweitern. Aus den durchgeführten Interviews von *Amelunxen* werden die Kosten im Sinne eines finanziellen Mehraufwandes, veraltete Richtlinien bzw. Gesetze und Planungs- sowie Genehmigungsprozesse als Herausforderungen ausgearbeitet. Aber auch der Mangel an qualifizierten Arbeitskräften für dieses als hoch komplex angesehene Thema und die fehlende bzw. unterschiedliche Definition von nachhaltigem Bauen wurden im Rahmen der Interviews als Herausforderungen genannt. Diese können für die Realisierung von nachhaltigen Bauweisen können durch angemessene Anpassungen auch auf die Besonderheiten von Einzelhandelsimmobilien übertragen werden.

„Entwicklung eines Modells zur Bewertung der Nachhaltigkeit von Bestandsgebäuden" – *Fauth, R.* (2017) [22]

Zielsetzung
Das Ziel der Dissertation von *Fauth* besteht darin, eine Methodik für das Immobilienmanagement zu entwickeln, um Bestandsaufnahmen von Gebäuden nach einem Zielsystem zur nachhaltigen Entwicklung durchzuführen. Die Methodik zielt darauf ab, die Objekte nachhaltig zu entwickeln. Dabei können die Erkenntnisse der Bestandsaufnahme

zur Auswahl geeigneter Entwicklungsmaßnahmen verwendet werden. Es gilt zu beantworten, inwiefern die Nachhaltigkeit von Bestandsimmobilien auf Objektebene bewertet werden kann und ob Prozesse im Immobilienmanagement die Basis einer effizienten Bewertungsmethodik bilden können.

Vorgehensweise
Zunächst erfolgt in der Dissertation eine Begriffseingrenzung der Nachhaltigkeit und der Bezug zur Bau- und Immobilienwirtschaft. Zudem werden Besonderheiten von Bestandsimmobilien aufgezeigt und Entscheidungstheorien analysiert, um sie charakteristischen Modellmerkmalen zuzuordnen. Nachdem auf den Stand der Technik und aktuelle Bewertungssysteme eingegangen wird, werden anhand von Veröffentlichungen Ansätze zur Bewertung des Ist-Zustandes aufgezeigt. Daraufhin folgt die Entwicklung eines Modells zur Nachhaltigkeitsbewertung auf Objektebene auf Basis von Thesen, die den Rahmen der Modellentwicklung vorgeben. Anschließend werden der Aufbau des Modells und die Definition zur Strukturierung der Bewertungsskala beschrieben. Da sich die Dissertation auf Bürogebäude bezieht, erfolgt eine Anpassung der allgemeinen Kriterien und Merkmale auf diese Nutzungsart. Das angepasste Bewertungsmodell wird dann exemplarisch auf ein Bürogebäude angewandt, woraus sich Ergebnisse für die nachhaltige Objektqualität ergeben, die schließlich zusammengefasst und mit einem Ausblick ergänzt werden.

Verwendbare Methodik
Grundsätzlich entsprechen der Aufbau und die Vorgehensweise der Dissertationen der Struktur der vorliegenden Arbeit. Die Erarbeitung der aktuellen Ausgangslage und die Entwicklung eines allgemeingültigen Bewertungsmodells bilden die Grundlage für die weiteren Untersuchungen. Die Anpassung des allgemeinen Modells auf Bürogebäude und die Anwendung auf ein Praxisbeispiel werden hier analog durchgeführt. Nur, dass zunächst eine Anpassung der Bewertungskriterien auf Einzelhandelsimmobilien und anschließend die Anwendung auf potenziell nachhaltige Baumaterialien erfolgt. Um ein vergleichbares Ergebnis zu erzielen, wird eine qualitative und quantitative Skalierung der Merkmale angewandt. Eine Anpassung dieser in Form einer Gewichtung nach Wichtigkeit der Kriterien, kann ebenfalls für die Entwicklung des Bewertungskonzeptes für nachhaltige Baumaterialien in Betracht gezogen werden. Die Bewertung erfolgt auf einer Skala von eins bis vier.

„Der Einzelhandel der Zukunft“ – *Etzel, E.* (2020) [23]

Zielsetzung
Die Dissertation von *Etzel* beschäftigt sich mit der Anwendung von Cradle to Cradle Prinzipien mit dem Ziel, eine neue Qualität der Nachhaltigkeit bei privatrechtlichen Einzelhandelsgebäuden zu erreichen. Neben der Erforschung einer umweltverträglichen Gestaltung von Bauelementen sollen auch alternative Geschäftsmodelle, wie

beispielsweise Rücknahmevereinbarungen oder Mieten betrachtet werden. Zudem wird untersucht, inwiefern sich Projektbeteiligte aus der Einzelhandelsbranche mit der praktischen Anwendung von Cradle to Cradle Prinzipien beschäftigen und welche Bedeutung dieser Ansatz in Unternehmen hat. Dabei gilt es Einflussfaktoren und Entscheidungskriterien zu identifizieren mit dem Ziel, eine objektive Vergleichbarkeit der verschiedenen Einzelhandelsimmobilien zu schaffen.

Vorgehensweise
Die Dissertation beginnt mit der wissenschaftlichen Einordnung der Thematik und wird mit der Abgrenzung von Grundlagen und Begriffen fortgeführt. Anschließend erfolgt eine Grundlagenermittlung, die sich auf zwei unterschiedliche Bestandsaufnahmen bezieht. Zum einen galt es, die existierenden C2C Bauprodukte in der Bauwirtschaft und ihre Anwendbarkeit auf den Einzelhandel zu identifizieren. Zum anderen wurde anhand eines Fallbeispiels eines revitalisierten Einkaufszentrums eine Analyse hinsichtlich der verbauten Bauprodukte in der Baukonstruktion und der Ansätze für eine Nutzung von C2C durchgeführt. Die Untersuchung erfolgt mithilfe von Experteninterviews, die dazu beigetragen haben, eine Aussage über die Bedürfnisse der Anspruchsgruppen zu treffen. Dabei hebt sich die Bedeutung einer frühzeitigen Auseinandersetzung mit der Kreislaufführung verwendeter Bauprodukte hervor. Es wird ersichtlich, dass Einzelhandelsunternehmen zwar Maßnahmen einleiten, diese jedoch umfassend unter dem Gesichtspunkt der Wirtschaftlichkeit betrachten. Insbesondere die Ökonomie wird als Treiber genannt, die über den Erfolg der Umsetzung nachhaltiger Kreislaufansätze entscheidet. Die gewonnenen Erkenntnisse wurden schließlich in einer Handlungsempfehlung zusammengeführt und es erfolgte ein Ausblick für die zukünftige Entwicklung.

Verwendbare Methodik
Für die vorliegende Arbeit sind insbesondere der Bezug zu Einzelhandelsimmobilien und die von *Etzel* erarbeiteten Besonderheiten und Bedürfnisse dieser von großer Bedeutung. Im nachfolgenden Abschnitt werden diese aufgegriffen und ergänzt. Das Aufführen eines Praxisbeispiels sowie die Vorstellung und Analyse zusätzlicher Geschäftsmodelle dienen ebenfalls dazu, weitere branchenspezifische Ansätze aufzuzeigen, die bei der Entwicklung des Bewertungskonzeptes berücksichtigt und miteinbezogen werden. Zudem wird aus der Dissertation von *Etzel* wiederholt die frühzeitige Auseinandersetzung mit einer möglichen Kreislaufführung der Bauprodukte deutlich.

3.4 Besonderheiten bei Einzelhandelsimmobilien

Einzelhandelsimmobilien weisen im Vergleich zu anderen Immobilienarten unterschiedliche Besonderheiten auf, die Einfluss auf die Auswahl von Baumaterialien für die Errichtung eines Gebäudes haben können. *Etzel* geht in seiner Dissertation bereits auf diese

Thematik ein [23]. Aus diesem Grund werden die Forschungsergebnisse daraus aufgegriffen und um eigene ergänzt.

Wirtschaftlichkeit als erste Priorität

Für Unternehmen des Einzelhandels steht das Generieren von Gewinn im Vordergrund. Aus diesem Grund werden Entscheidungen immer im Hinblick auf die Ökonomie getroffen.

Zu den anfallenden Kosten, die bei Wirtschaftlichkeitsprüfungen von nachhaltigen Materialien betrachtet werden, zählen sowohl die Investitions- als auch die Betriebskosten. Aspekte der Ökologie, wie Inhaltsstoffe von Bauprodukten oder erneuerbare Energien, werden häufig vernachlässigt [23].

Die Verwertung und Aufbereitung von Materialien werden dahingehend betrachtet, dass sie für den Einsatz und die Herstellung neuer Produkte in eigener Verwendung attraktiv sind. Für den schnellstmöglichen Beginn für das Erzielen von Umsatz sind ebenfalls kurze Bauzeiten entscheidend, die den Faktor Zeit hervorheben. Demzufolge ist es notwendig, bei der Auswahl nachhaltiger Baumaterialien die wirtschaftlichen Auswirkungen unter Berücksichtigung der zeitlichen Realisierung zu betrachten, da unangemessene Zusatzkosten zur Verhinderung einer Umsetzung führen. Bei der Bewertung von nachhaltigen Baumaterialien ist es folglich von großer Bedeutung, dass sie sich im Rahmen des wirtschaftlichen Interesses des Unternehmens bewegen. Die Wirtschaftlichkeit als Grundlage für das Bewertungskonzept festzulegen, führt starke Einschränkungen für den Wandel zur Kreislaufwirtschaft mit sich, da die Auseinandersetzung und Umsetzung mit nachhaltigen Baupraktiken häufig mit einem hohen Ressourceneinsatz einhergehen.

Etzel kommt durch seine Forschungsergebnisse zum Entschluss, dass die Notwendigkeit von strikteren politischen Anforderungen besteht, die Unternehmen dazu verpflichten, Maßnahmen zur Ressourcenschonung zu realisieren [23].

Amortisation

Im Hinblick auf die Wirtschaftlichkeit als treibenden Faktor im Einzelhandel spielt zudem die Amortisation der Immobilie und ihrer Komponenten eine entscheidende Rolle. Sie bezieht sich auf den Zeitraum, in dem die Investitionskosten durch die generierten Einnahmen oder Einsparungen gedeckt werden. Die Amortisation kann bei Baumaterialien zum einen von der Lebensdauer und zum anderen von der Wartung bzw. Instandhaltung sowie der Energieeffizienz abhängig sein. Die Lebensdauer kann Auswirkungen auf die Amortisation haben, da sich Materialien mit langer Lebensdauer häufig langsamer amortisieren, jedoch langfristig wirtschaftlicher sind. Durch einen geringen Wartungsaufwand oder eine seltenere Ersetzung der Baumaterialien kann die Amortisationsdauer verkürzt werden. Energieeffiziente Baumaterialien, wie beispielsweise Dämmung, die die Betriebskosten erheblich durch eine geringere Wärmeleitfähigkeit senkt, haben positive Auswirkungen auf die Amortisation des Baumaterials.

Einheitliches Erscheinungsbild und festgelegte Standards

Um eine starke Markenidentität zu schaffen und die Wiedererkennung bei Kunden zu fördern ist ein einheitliches Erscheinungsbild von großer Bedeutung. Dieses beginnt bereits bei den Außenanlagen und erstreckt sich über den Eingangsbereich bis hin in die gesamte Gestaltung der Inneneinrichtung einer Einzelhandelsimmobilie. Konsistente Beschilderungen und Farbgebung sind zudem für die Orientierung der Kunden und deren Einkaufserlebnis relevant. Unter anderem ergibt sich daraus die Notwendigkeit Standards festzulegen, um somit ein einheitliches Erscheinungsbild und Ladendesign zu gewährleisten. So werden durch das Unternehmen feste Farbkonzepte vorgegeben, die durch die Bauteile einzuhalten sind. Zudem wird auch sichergestellt, dass die Bauteile und Baubeschreibungen, die als Standard festgelegt sind, vielen Prüfungen unterliegen und auch deren Wirtschaftlichkeit zuvor betrachtet wurde. Die bestehenden Standards spiegeln alle Anforderungen des Unternehmens sowie des Ladendesigns wider und werden von Abteilungen des Vertriebs und Marketings definiert.

Außenwirksamkeit und Marketing

Bei Einzelhandelsimmobilien spielt die Attraktivität für den Kunden eine wichtige Rolle, da dadurch der gewünschte Umsatz angekurbelt werden kann. Bereits bei einer einladenden Gestaltung der Außen- und Eingangsbereiche mit bspw. Sitzmöglichkeiten wird die Attraktivität gesteigert. Durch den Einsatz grüner und nachhaltiger Baupraktiken kann zur Verbesserung des Markenimages und zur Anziehung umweltbewusster Kunden beigetragen werden. Die Sichtbarkeit und visuelle Anziehungskraft dieser nachhaltigen Bauteile sind daher von großer Bedeutung, um sie für Werbezwecke nutzen zu können und den Kunden damit zu erreichen. Die Werbung mit umweltbewussten Praktiken und Zertifizierungen der Einzelhandelsimmobilien kann zur Stärkung des Interesses und Vertrauens bei Kunden beitragen.

Standortfaktoren

Die Lage der Immobilie ist ein entscheidender Faktor, der Einfluss auf die Rahmenbedingungen hinsichtlich des Einsatzes von nachhaltigen Baumaterialien haben und Einschränkungen mit sich führen kann. Beispielsweise kann die regionale Verfügbarkeit der Materialien von Standort zu Standort abweichen und zudem der Transportweg dementsprechend große Differenzen aufweisen. Auch lokale Bauvorschriften können Einschränkungen für den Einsatz nachhaltiger Baumaterialien mit sich führen, indem standortabhängig höhere Anforderungen gestellt werden.

Die Realisierung unterschiedlicher Gebäudetypen einer Einzelhandelsimmobilie kann auch Einfluss auf die baulichen Anforderungen des Gebäudes und den Einsatz nachhaltiger Materialien haben. So fordert ein aufgeständerter Markt, der die Parkplatzflächen unter der Verkaufsfläche hat, höhere statische Anforderungen als ein ebenerdiger Markt.

3.5 Auswertung

Die zu Beginn formulierte Hypothese, dass es derzeit keine konkrete und einheitliche Grundlage für die Entscheidungsfindung bezüglich des Einsatzes nachhaltiger Baumaterialien bei Einzelhandelsimmobilien gibt, kann durch die Analyse des Standes der Technik beantwortet werden. Die Normen und Gesetze bilden einen Rahmen mit relevanten Themenbereichen zur Bewertung der Nachhaltigkeit im Bauwesen, die der EU-Taxonomie und dem Kreislaufwirtschaftsgesetz entnommen werden können. Auch die Bedeutung des Lebenszyklus und die ganzheitliche Betrachtung dessen wird insbesondere in der DIN EN 15804 ersichtlich. Sie gibt außerdem einen Überblick über verschiedene Szenarien, die zu betrachten sind. Die DGNB gibt durch die Checkliste mit Kriterien für nachhaltige Materialien genaue Angaben vor, die durch die Einflussmerkmale für die Zertifizierung ergänzt werden. Die Kriterien von LEED zur Bewertung der Materialien und Ressourcen können für das Bewertungssystem ohne große Veränderung übernommen werden. Aus den Veröffentlichungen können Ansätze für die Methodik entnommen werden. Insbesondere Möglichkeiten für die Entwicklung eines Bewertungskonzeptes und die unterschiedlichen Arten, eine Bewertung darzustellen und zu gewichten. Auch ein Bezug zu den Besonderheiten des Einzelhandels kann zum Teil durch die Dissertation von *Etzel* geschaffen werden.

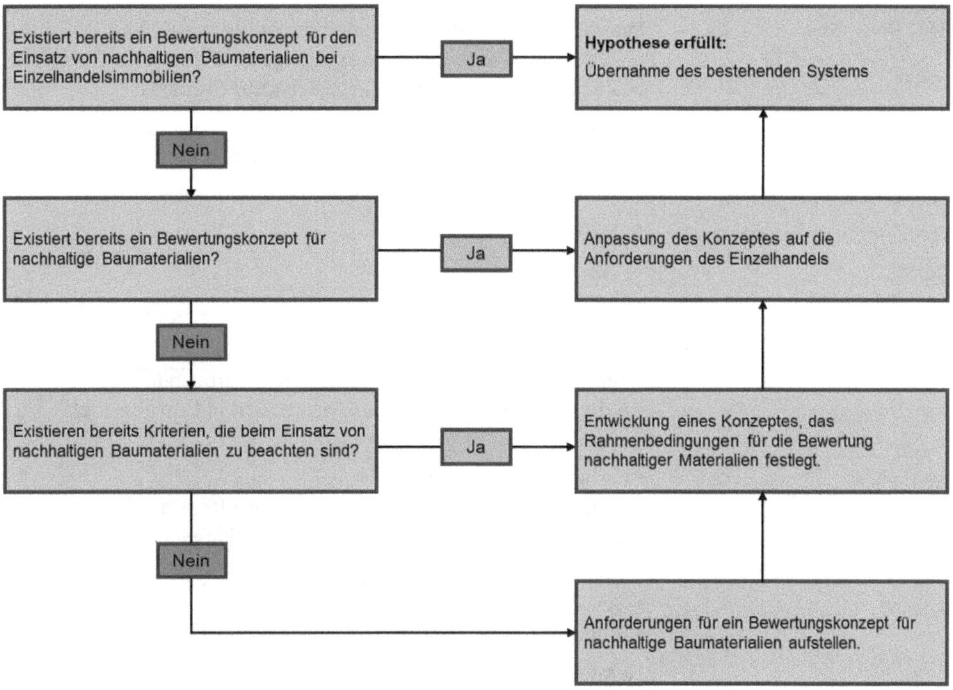

Abb. 3.4 Gang der Untersuchung von Stand der Technik und der Forschung

Es wird deutlich, dass es bereits Ansätze für die Entwicklung eines Bewertungskonzeptes von nachhaltigen Baumaterialien für Einzelhandelsimmobilien gibt. Allerdings bedarf es mehrerer Anpassungen, um alle Bereiche und vor allem die Besonderheiten und die Anforderungen des Einzelhandels mit einzubeziehen. Im folgenden Kapitel werden alle anwendbaren Methodiken und für die Bewertung relevanten Kriterien zusammengetragen (Abb. 3.4; Tab. 3.6).

Tab. 3.6 übertragbare Inhalte für diese Arbeit aus Kap. 3 „Stand der Technik und der Forschung“

Quelle	Aspekte, die übertragen werden können
Green Deal	Allgemeine Bedeutung des nachhaltigen Handelns
EU-Taxonomie	• Klimaschutz • Übergang Kreislaufwirtschaft
KrWG	• Abfallvermeidung • Recycling • Lebenszyklusbetrachtung (Schonung natürlicher Ressourcen, zu erwartende Emissionen, einzusetzende /gewinnende Energie, Schadstofffreiheit)
NKWS	• Primärenergiebedarf • Schließen von Stoffkreisläufen • Abfallvermeidung
Leitfaden Nachhaltiges Bauen	Lebenszyklusbetrachtung
BFR Recycling	Parameter für Zusammensetzung mineralischer Baumaterialien (Widerstandsfähigkeit gegen Verwitterung/ Schlagbeanspruchung, Bruchfestigkeit, Schadstofffreiheit)
DIN EN 15804	• Lebenszyklusbetrachtung • Bewertungsmethode (sehr gut – sehr schlecht)
Entwurf DIN EN 15978	Bewertungsmethode A+++ bis A
Verkaufsstättenverordnung	Belastbarkeit (Brandschutz)
DGNB	• Prinzipien für Materialwahl • Checkliste Materialwahl
C2C Certified	Kategorien der Bewertung
LEED	• Dreistufiges Bewertungsverfahren und Farbgebung • Kriterien zur Bewertung von Materialien in Einzelhandelsimmobilien
Stephan, D:	• Farbgebung rot/grün • Materialeigenschaften (natürliche Rohstoffe, Primärenergie, Transportweg, CO_2-Ausstoß, Recyclingfähigkeit, Druckfestigkeit, Schallschutz, Brandschutz, Wärmeschutz)
Etzel, E	• Besonderheiten Einzelhandelsimmobilien • Frühzeitige Kreislaufführung
Amelunxen, A	Herausforderungen für die Umsetzung nachhaltiger Bauweisen
Fauth, R	• Aufbau der Arbeit • Anpassung des allgemeinen Bewertungsmodells auf den vorgesehenen Anwendungsbereich • Bewertungsskala

Literatur

1. Europäische Kommission https://ec.europa.eu/commission/presscorner/detail/de/ip_19_6691, 27.07.2024.
2. Europäische Kommission Mitteilung der Kommission – Der europäische Green Deal, Stand 11.12.2019, 2019.
3. Bundesministerium für Umwelt, Naturschutz, nukleare Sicherheit und Verbraucherschutz https://www.bmuv.de/faqs/taxonomie-und-die-rechtliche-grundlage, 27.07.2024.
4. Europäisches Parlament und Rat der Europäischen Union Amtsblatt der Europäischen Union, Verordnung (EU) 2020/852 des Europäischen Parlaments und des Rates vom 18. Juni 2020 über die Einrichtung eines Rahmens zur Erleichterung nachhaltiger Investitionen und zur Änderung der Verordnung (EU) 2019/2088, 2020.
5. Kreislaufwirtschaftsgesetz Gesetz zur Förderung der Kreislaufwirtschaft und Sicherung der umweltverträglichen Bewirtschaftung von Abfällen (Kreislaufwirtschaftsgesetz – KrWG), zuletzt geändert durch Artikel 5 des Gesetzes vom 2. März 2023 (BGBI. 2023 I Nr. 53), 2012 (Ausfertigungsdatum).
6. Bundesministerium für Umwelt, Naturschutz, nukleare Sicherheit und Verbraucherschutz Nationale Kreislaufwirtschaftsstrategie, Entwurf, 17.06.2024.
7. Bundesministerium des Innern, für Bau und Heimat Leitfaden Nachhaltiges Bauen – Zukunftsfähiges Planen, Bauen und Betreiben von Gebäuden, 3. Auflage, Stand Januar 2019.
8. Bundesinstitut für Bau-, Stadt- und Raumforschung Klimaschutz im Gebäudebereich, BBSR-Online-Publikation, 33/2021, November 2021.
9. Bundesministerium des Innern, für Bau und Heimat Baufachliche Richtlinien Recycling – Arbeitshilfen zum Umgang mit Bau- und Abbruchabfällen sowie zum Einsatz von Recycling-Baustoffen auf Liegenschaften des Bundes, Stand 2018.
10. Deutsches Institut der Normung DIN EN 15804: Nachhaltigkeit von Bauwerken – Umweltproduktdeklarationen – Grundregeln für die Produktkategorie Bauprodukte; Deutsche Fassung EN 15804:2012+A2:2019 + AC:2021, Beuth Verlag, Berlin, März 2022.
11. Deutsches Institut der Normung Entwurf DIN EN 15978: Nachhaltigkeit von Bauwerken – Bewertung der Umweltleistung von Gebäuden – Methodik; Deutsche und Englische Fassung prEN 15978:2024, Beuth Verlag, Berlin, Mai 2024
12. Verkaufsstättenverordnung Verordnung des Ministeriums für Landesentwicklung und Wohnen über den Bau und Betrieb von Verkaufsstätten, Verordnung vom 11.02.1997, zuletzt geändert durch Verordnung vom 21.12.2021 (GBI. 2022 S.1) m. W. v. 08.01.2022.
13. Deutsche Gesellschaft für Nachhaltiges Bauen https://www.dgnb.de/de/dgnb/ueber-die-dgnb, 28.07.2024.
14. Deutsche Gesellschaft für Nachhaltiges Bauen. https://www.dgnb-navigator.de/ueber-den-dgnb-navigator, 28.07.2024.
15. Deutsche Gesellschaft für Nachhaltiges Bauen Bauprodukte im Blick der Nachhaltigkeit, Report September 2022, 2022.
16. Deutsche Gesellschaft für Nachhaltiges Bauen DGNB System – Kriterienkatalog Gebäude Neubau, Version 2023.
17. Cradle to Cradle Products Innovation Institute. https://c2ccertified.org/the-standard, 29.07.2024.
18. U.S. Green Building Council. https://www.usgbc.org/leed, 31.07.2024.
19. U.S. Green Building Council LEED Scorecard, LEED BD+C: Retail, v4.1, online abrufbar unter: https://www.usgbc.org/credits, 31.07.2024.
20. Stephan, D. Nachhaltigkeit im Bauwesen – Ökologische Analyse von Baustoffen und Bauteilen, Diplomarbeit, Technische Universität Wien, 2018.

21. Amelunxen, A. A Positive Change – Herausforderungen und Potenziale bei der Planung und Umsetzung von nachhaltigen und positiven Bauweisen in Deutschland, Masterarbeit, Technische Universität München, 2023.
22. Fauth, R. Entwicklung eines Modells zur Bewertung der Nachhaltigkeit von Bestandsgebäuden. Dissertation, Universität der Bundeswehr München, 2017.
23. Etzel, E. „Der Einzelhandelsladen der Zukunft“ – Kann durch Cradle to Cradle eine neue Qualität der Nachhaltigkeit für Gebäude des Einzelhandels erreicht werden?. Dissertation, Leuphana Universität Lüneberg, 2020.

Entwicklung eines Bewertungskonzeptes für nachhaltige Baumaterialien im Einzelhandel

4

4.1 Methodik

Um die notwendigen theoretischen Grundlagen als Hinführung für die Erstellung des Bewertungskonzeptes im Rahmen dieser Arbeit vorzustellen, wurde eine qualitative Literaturrecherche durchgeführt. Diese Recherche konzentriert sich auf wissenschaftliche Veröffentlichungen und Bücher. Dabei wurden verschiedene Theorien verglichen, um ein Grundverständnis der Begrifflichkeiten zu schaffen. Im Rahmen einer Metaanalyse wurden anschließend die Methoden und Ergebnisse anderer Forschungsarbeiten verglichen, indem eine Beschreibung der Zielsetzung und Vorgehensweise erfolgte, um daraus für die vorliegende Arbeit anwendbare Methodiken herauszuarbeiten und diese auf das Thema anzupassen und zu modifizieren. Hierbei wurden bisherige Ergebnisse von Forschungsarbeiten zusammengefasst und Lücken aufgedeckt, um sie in Kap. 4 mit eigenen Erkenntnissen zu ergänzen und zu erweitern. Bei der Recherche wurde eine deduktive Vorgehensweise gewählt, indem zu Beginn der Arbeit die These aufgestellt wurde, dass es derzeit keine konkrete und einheitliche Grundlage für die Entscheidungsfindung bezüglich der Verwendung nachhaltiger Baumaterialien bei Einzelhandelsimmobilien gibt. Darauf basierend wurden geeignete Literaturquellen ausgewählt, die das Thema aufgreifen und sich damit beschäftigen. Im nächsten Schritt wurden Bewertungs- und Zertifizierungssysteme untersucht. Dabei wurde die Methodik der Systeme betrachtet, inwiefern nachhaltige Bauweisen und Materialien in den unterschiedlichen Systemen bewertet werden.

In diesem Kapitel erfolgt die Entwicklung des Bewertungskonzeptes für nachhaltige Baumaterialien bei Einzelhandelsimmobilien. Als Bewertungsverfahren wird hier die

E. Sakris, *Chancen und Herausforderungen für nachhaltiges und kreislaufgerechtes Bauen von Einzelhandelsimmobilien,* Entwicklung neuer Ansätze zum nachhaltigen Planen und Bauen, https://doi.org/10.1007/978-3-658-47954-1_4

Nutzwertanalyse gewählt. Dafür werden zunächst die relevanten Bewertungskriterien definiert. Die Herleitung der Kriterien erfolgt auf Grundlage der gewonnenen Erkenntnisse aus der Literaturrecherche. Dafür werden bewährte Methoden und Bewertungskriterien aus der Literatur übernommen und für die spezifischen Anforderungen von Einzelhandelsimmobilien angepasst. Auf Basis der modifizierten Methoden wird ein neues Bewertungskonzept für nachhaltige Baumaterialien im Einzelhandel entwickelt. Unter einem Konzept wird gemäß *Duden* ein *„skizzenhafter, stichwortartiger Entwurf"*, ein *„klar umrissener Plan"* oder *„Programm für ein Vorhaben"* verstanden [1]. Im Kontext dieser Arbeit soll dieser Entwurf, der zur Orientierung dient, die Rahmenbedingungen zur Auswahl und Bewertung von nachhaltigen Bauprodukten beinhalten und soll durch einen anpassbaren Konzeptentwurf eine Integration weiterer Parameter offenhalten. Das Konzept wird einen Kriterienkatalog enthalten, mit Definitionen spezifischer Bewertungskriterien für Materialien im Einzelhandel. Geeignete Kriterien werden ausgewählt und in Kategorien gegliedert. Zudem wird ein strukturierter Bewertungsprozess entwickelt, indem eine angemessene Gewichtung bzw. ein Bedeutungsfaktor, wie es in den Zertifizierungssystemen erfolgt, festgelegt wird, sodass der Rahmen für das Bewertungskonzept entsteht. Außerdem werden Anwendungshinweise formuliert, um den Prozess der Durchführung einer Bewertung zu unterstützen.

Anschließend wird das entwickelte Bewertungskonzept hinsichtlich seiner Effektivität und Anwendbarkeit in der Praxis analysiert. Hierzu werden Fallstudien durchgeführt, um zu überprüfen, inwiefern das Konzept in der Praxis funktioniert und welche Verbesserungen notwendig sind. Die Ergebnisse dieser Analyse werden diskutiert und es werden Empfehlungen für die zukünftige Anwendung und Weiterentwicklung des Bewertungskonzeptes gegeben. Zudem sollen Chancen und Herausforderungen für nachhaltiges und kreislaufgerechtes Bauen bei Einzelhandelsimmobilien aufgezeigt werden (Abb. 4.1).

4.2 Ausgangssituation

Der Schwerpunkt dieser Arbeit liegt darin, Kriterien für die Bewertung nachhaltiger Materialien anhand bereits bestehender Bewertungssysteme und Methoden aus anderen Forschungsarbeiten herauszuarbeiten und so anzupassen. Das Bewertungskonzept soll so zusammengetragen werden, dass die Anforderungen des Einzelhandels daran angepasst sind. Das so aufgebaute Bewertungssystem soll geeignete, nachhaltige und kreislaufgerechte Baumaterialien identifizieren, schnell herausfiltern und als Entscheidungshilfe dienen. Somit können neue Chancen und Herausforderungen für nachhaltiges und kreislaufgerechtes Bauen von Einzelhandelsimmobilien aufgezeigt werden. Eine besondere Herausforderung dabei ist, das Konzept so zu entwickeln, dass es universelle Kriterien beinhaltet, um eine Anwendung auf verschiedene Arten von Materialien zu gewährleisten.

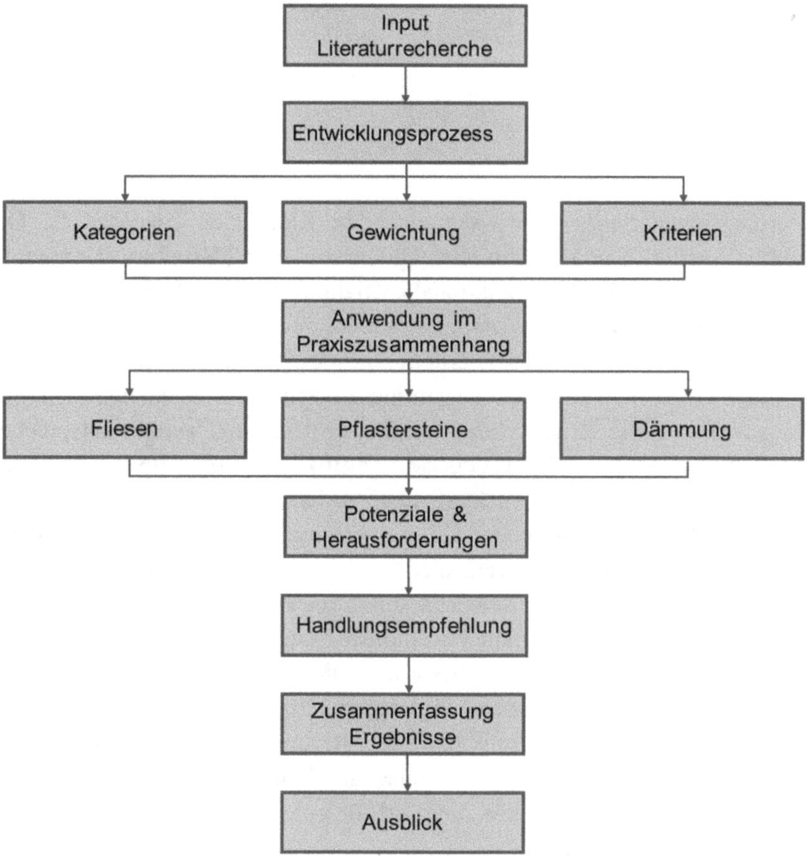

Abb. 4.1 Methodik der Arbeit zur Entwicklung des Bewertungskonzeptes

4.3 Entwicklungsprozess des Bewertungskonzeptes

4.3.1 Hauptkategorien

Im Rahmen des Entwicklungsprozesses für das Bewertungskonzept, welches zur Identifikation von nachhaltigen Materialien für Einzelhandelsimmobilien dienen soll, werden im ersten Schritt die anwendbaren Methoden und Inhalte aus der Literaturrecherche zusammengetragen und eingeordnet. Aus der Auswertung der Literaturrecherche in Abschn. 3.4 wird ersichtlich auf welche Aspekte eingegangen wird.

Die Bewertungskriterien, die später die Nachhaltigkeit der Materialien unter Voraussetzung der Anforderungen des Einzelhandels und vorhandener Standards beurteilen sollen, werden in fünf Hauptkategorien gegliedert. Diese sind folgende:

- Einzelhandel
- Ökologie
- Ökonomie
- Technische Kriterien
- Zertifizierungen und Standards

Die Bewertungskategorien ergeben sich aus den Kategorien „ökologische Qualität", „ökonomische Qualität" und „technische Qualität" der DGNB Zertifizierung [2]. Die Kategorien „soziokulturelle und funktionale Qualität" sowie „Prozessqualität" werden, wie bereits in der Abgrenzung der Arbeit erwähnt, vernachlässigt. Der Aufbau des Bewertungssystems wird um die Besonderheiten des Einzelhandels von *Etzel* ergänzt und erweitert, um die Anwendbarkeit des Bewertungskonzeptes auf Baumaterialien im Einzelhandel zu gewähren. Die Kriterien der LEED Zertifizierung werden entsprechend den Hauptkategorien zugeordnet. Die Kategorie „Zertifizierungen und Standards" hat ihren Ursprung im Baurecht und gibt Auskunft über vorhandene Umweltzertifikate des Baumaterials und die Einhaltung der geltenden Bauvorschriften für das jeweilige Material.

Diesen fünf Kategorien werden verschiedene Arten von Kriterien zugeordnet. Die Bewertung dieser Kriterien ist entweder unabhängig oder abhängig von den Eigenschaften konventionell verbauter Baumaterialien im Industriebau möglich.

Kriterien, die die **Eigenschaften** eines **konventionellen Materials als Referenzwert** benötigen, werden immer durch den Vergleich der Eigenschaften des konventionellen und des zu untersuchenden Materials bewertet. **Kriterien ohne Referenzwert** können unabhängig von den Eigenschaften des herkömmlichen Materials evaluiert werden, indem ein Kriterium als erfüllt bzw. nicht erfüllt gilt. Für die Auswahl des **Referenzmaterials** gibt es drei Optionen:

- Verbindliche Baumaterialien
- Produktreferenz
- Produktfreiheit

Bei den verbindlichen Baumaterialien handelt es sich um Materialien, die in der Baubeschreibung des Unternehmens standardisiert und verankert sind. Dazu zählen Produkte, für die ein Rahmenvertrag ausgehandelt wurde. Sie gelten als fest vorgegeben für den Einbau in einer Einzelhandelsimmobilie. Produktreferenzen stellen bereits erprobte und bewährte Materialien eines Herstellers dar. Dabei kann in manchen Fällen zwischen mehreren Produktreferenzen für den Bau der Einzelhandelsimmobilie gewählt werden. Bei den ersten beiden Referenzmaterialien erfolgt die Bewertung auf Grundlage der Eigenschaften, die diese bereits vorgegebenen Produkte erfüllen. Im Gegensatz dazu gibt es als letztes Referenzmaterial die Produktfreiheit. Hierbei gibt es kein vorgegebenes Produkt, das zur Orientierung dient. Stattdessen sind in der Baubeschreibung die Bauweise, Materialanforderungen und Eigenschaften, die zu erbringen sind, beschrieben.

Für die Bewertung ist zu prüfen, ob das betrachtete Material die beschriebenen Eigenschaften und Anforderungen aus der Baubeschreibung erfüllt.

Darüber hinaus gibt es sogenannte **K. O.-Kriterien,** die eine negative Gesamtbewertung des Baumaterials ergeben, sobald sie erfüllt sind. Das vorliegende Material sollte nicht weiter betrachtet werden, da eine äußerst wichtige Eigenschaft, wie z. B. die Brandschutzfunktion, nicht gegeben ist und eine Anwendung des Materials dadurch auszuschließen ist. Die verschiedenen Arten von Kriterien sind in den fünf Hauptkategorien aufzufinden.

4.3.2 Bewertungsverfahren

Das entwickelte Bewertungskonzept findet seine Anwendung bei der Identifikation von geeigneten und nachhaltigen Materialien für Einzelhandelsimmobilien. Wenn ein Baumaterial auf dem Markt entdeckt oder durch Werbung und Recherchen darauf aufmerksam gemacht wird, soll das Bewertungskonzept zum Einsatz kommen. Dafür sind grundlegende Informationen zu recherchieren und anhand der Bewertungskriterien zu dokumentieren. Im Wesentlichen handelt es sich um einen Vergleich zwischen dem neuen Baustoff und dem konventionell verwendeten Baustoff. Die Kriterien sollen qualitativ beantwortet werden, ob ein Kriterium positiv, negativ oder neutral erfüllt ist, indem Eigenschaften und Zahlenwerte gewisser Kriterien miteinander verglichen werden. Aus diesem Grund wurde die Bewertungsskala mit folgenden Stufen gewählt:

- Positiv:„1“
- Neutral: „0“
- Negativ: „−1“

Die gewählte Skala basiert auf der Skala der LEED Zertifizierung, indem zwischen einer positiven, negativen und neutralen Erfüllung der Kriterien unterschieden wird. Um der Kritik entgegenzuwirken, aus Ungewissheit eine neutrale Bewertung vorzunehmen, wird versucht, eine genaue Definition der Kriterien zu formulieren. So soll eine neutrale Bewertung nur dann erfolgen, wenn tatsächlich keine Aussage möglich ist oder das Kriterium der Definition des neutralen Bereiches entspricht. Jedes Kriterium erhält zudem eine Gewichtung. Diese orientiert sich teilweise an der verhältnismäßigen Gewichtung der Zertifizierungssysteme, wird jedoch in manchen Fällen individuell an die vorliegenden Verhältnisse und Kategorien angepasst. Durch Multiplikation der Gewichtung mit der jeweiligen Stufe der Bewertungsskala entsteht eine Auflistung der vergebenen Benotung der einzelnen Kriterien. Zum Erhalten eines Gesamtergebnisses orientiert sich das Bewertungskonzept ebenfalls an den in Abschn. 3.2 beschriebenen Zertifizierungssystemen, indem eine Summe der einzelnen Punkte aus den Kriterien gebildet wird. Durch die Addition aller Benotungen erhält das Material am Ende der Untersuchung einen Score, der sich zwischen den Werten „−1“ und „1“ bewegen kann. Anhand des

Scores kann beurteilt werden, inwiefern das Material ausgeschlossen oder für weitere Untersuchungen freigegeben wird. Statt einer Einstufung des Ergebnisses in verschiedene Levels von Zertifizierungen, wird hier anhand des Resultats über das weitere Vorgehen im Umgang mit dem Material entschieden. Um ein repräsentatives Ergebnis zu erhalten, sind alle Bewertungskriterien zu beantworten. Dies beruht auf der Vorgabe der DGNB, die wie in Abschn. 2.2.1 erwähnt, eine vollständige Bewertung aller Kriterien als Voraussetzung für das Erlangen einer Zertifizierung verlangt.

Das Gesamtergebnis dieses Bewertungskonzeptes kann wie folgt eingestuft werden (Tab. 4.1):

4.3.3 Definition Bewertungskriterien

Wie in Abschn. 4.3.1 dargestellt, werden die Bewertungskriterien in die fünf Hauptkategorien Einzelhandel, Ökologie, Ökonomie, technische Kriterien sowie Zertifizierungen und Standards gegliedert. Die Gewichtung der Kategorien orientiert sich am Einfluss von Bauprodukten auf die gesamte DGNB Zertifizierung. Dabei stellen sich die Ökologie mit 91 % und die technische Qualität mit 63,8 % als Haupteinflussfaktoren dar. Da die soziokulturelle Qualität im Rahmen dieser Arbeit nicht betrachtet wird, folgt als dritte Kategorie die ökonomische Qualität mit 52,2 % [2].

In Abhängigkeit von der Anzahl der Kriterien, die für dieses Bewertungskonzept definiert werden, wird die Gewichtung der fünf Kriterien festgelegt. Im Verhältnis zur Gewichtung der DGNB wird die Ökologie mit 40 % auch die höchste Gewichtung erhalten. Darauf wird die Ökonomie mit 20 % folgen und anschließend die technischen Kriterien gemeinsam mit den Kriterien des Einzelhandels mit jeweils 15 %. Die restlichen zehn Prozent erhält die Kategorie „Zertifizierungen und Standards“. Die technische Qualität steht nicht an zweiter Stelle, da sie derzeit nur ein Kriterium beinhaltet und weitere technische Eigenschaften auf andere Kategorien verteilt wurden.

Einzelhandel

Die Kategorie „Einzelhandel“ beinhaltet Kriterien, die einzelne Besonderheiten des Einzelhandels aus Abschn. 3.4 verkörpern und dient dazu, die Anwendbarkeit des Bewertungskonzeptes für Einzelhandelsimmobilien zu gewähren. Diese Hauptkategorie

Tab. 4.1 Bedeutung des Ergebnisses aus dem Bewertungskonzept

Bedeutung des Ergebnisses	Summe
Material ist für Test zu empfehlen	$50 < X \leq 100$
Material muss weiteren Untersuchungen unterzogen werden, bevor es in die Testphase übergeht	$0 \leq X \leq 50$
Material wird zunächst nicht weiter betrachtet	$X < 0$

wurde in zwei Unterkategorien gegliedert. Diese sind zum einen die Attraktivität und zum anderen die Funktionalität und Nutzbarkeit. Für die Attraktivität werden die Außenwirksamkeit und das Marketing betrachtet. Für die Kategorie Funktionalität und Nutzbarkeit wird das Kriterium Wartungsfreundlichkeit bzw. Reinigungs- und Instandhaltungsfreundlichkeit aufgeführt. Insgesamt erhält die Kategorie „Einzelhandel" eine Gewichtung von 15 %.

Davon erhält das Kriterium „Außenwirksamkeit und Marketing" zehn Prozent und die Wartungsfreundlichkeit fünf Prozent.

Außenwirksamkeit und Marketing

Bei diesem Kriterium handelt es sich um einen Aspekt, der unabhängig von einem Referenzwert bewertet werden kann. Das Kriterium erhält als Gewichtung zehn Prozent und gehört zur Unterkategorie „Attraktivität" der Hauptkategorie „Einzelhandel". Hierbei ist zu beurteilen, ob das untersuchte Material aktiv dazu beiträgt, die Aufmerksamkeit der Kunden des Einzelhandels zu wecken. Im Einzelhandel spielt dieses Kriterium eine Rolle, da durch modernes, einladendes und attraktives Design ein positives Einkaufserlebnis für den Kunden geschaffen werden kann. Die Außenwirksamkeit ist eine Momentaufnahme der Wahrnehmung des Betrachters und wirkt sich kurzfristig und direkt auf diesen aus. Das Marketing hängt eng mit der Außenwirksamkeit zusammen. Durch erfolgreiches Marketing kann das Image des Einzelhandelsunternehmens bezüglich Nachhaltigkeit positiv beeinflusst und das Unternehmensbild dadurch gestärkt werden. Da sich bei der Entwicklung des Konzeptes die Herausforderung der subjektiven Bewertung der Ästhetik ergeben hat, werden hier fünf Anhaltspunkte festgelegt, die bei der Bewertung dieses Kriteriums unterstützen sollen. Die Aspekte, die ein Material aufweisen kann, sind folgende:

- Umweltzertifikat
- Recyclinganteil
- Recyclingfähigkeit
- Einzigartigkeit, Innovation
- Marktidentität, Farbschema

Die ersten drei Aspekte können sich positiv auf das Marketing hinsichtlich Nachhaltigkeit auswirken. Unter Einzigartigkeit und Innovation wird eine Besonderheit verstanden, die bisher noch nicht eingesetzt wurde. Ein Material, welches den Aspekt Markenidentität erfüllt, fügt sich dem vorhandenen Farbschema des Unternehmens und passt gestalterisch zur restlichen Architektur. Ein sichtbares Material, das mindestens drei der zuvor genannten Punkte aufweist, erhält eine positive Bewertung. Ein Material, das nicht sichtbar ist, erhält aufgrund der mangelnden Außenwirksamkeit und des Bezugs zu den Kunden eine neutrale Bewertung. Materialien, die bis zu zwei Kriterien erfüllen, erhalten eine negative Bewertung.

Die Bewertung ist wie folgt durchzuführen (Tab. 4.2):

Tab. 4.2 Bewertungsskala visuelle Anziehungskraft

≥ 3 Anhaltspunkte & sichtbar	1 Punkt
Nicht sichtbar	0 Punkte
< 3 Anhaltspunkte	−1 Punkt

Wartungsfreundlichkeit

Die Wartungsfreundlichkeit beschreibt, wie einfach und kostengünstig die Baumaterialien gewartet und unterhalten werden können. Im Rahmen dieses Kriteriums wird grundsätzlich der notwendige Aufwand für die Wartung und Instandhaltung des Materials berücksichtigt. Um die Bewertung vorzunehmen, wird der Aufwand des Neuen mit dem Aufwand des konventionellen Materials als Referenzwert verglichen. Als Referenzwert wird, wie in Abschn. 4.3.1 beschrieben, eine der drei Optionen gewählt. Anhand der Beschaffenheit und der Eigenschaften des Materials ist abzuleiten, ob mit erhöhtem Reinigungsaufwand oder zusätzlichen Reparaturen zu rechnen ist. Entscheidende Eigenschaften können hierbei eine höhere Rauigkeit, eine geringere Bruchfestigkeit und Tausalz- sowie Frostbeständigkeit sein (Tab. 4.3).

Ökologie

Die Hauptkategorie „Ökologie" umfasst Merkmale über die eingesetzten Rohstoffe im Baumaterial. Des Weiteren soll der Lebenszyklus des Materials betrachtet werden. Im Rahmen des Bewertungskonzeptes werden die Emissionen des Herstellungs- und Entsorgungsstadiums in der Kategorie Lebenszyklus bewertet. Der Transport zur Baustelle und das Nutzungsstadium werden nicht betrachtet. Der Grund hierfür ist, dass kein expliziter Einsatzort des Materials bekannt ist, wodurch die Transportwege zur Baustelle sowie die Errichtungs- und Nutzungsphase des Baumaterials bezüglich ihrer Emissionen nicht beurteilt werden können. In einer späteren Betrachtung ist es notwendig, die Emissionen der ausgegrenzten Stadien zu berücksichtigen. Hinsichtlich des Lebenszyklus werden die Trennbarkeit und Recyclingfähigkeit bzw. Wiederverwendbarkeit des Materials bewertet, jedoch qualitativ und nicht anhand von Zahlenwerten. Gemäß DIN EN 15804 entspricht der betrachtete Herstellungsprozess im vorliegenden Bewertungskonzept den Phasen A1 bis A3 und das Entsorgungsstadium den Phasen C1 bis C4 [3]. Die Daten zu den Emissionen in dieser Phase werden hierzu aus EPDs bezogen, sofern diese für die betrachteten Materialien vorliegen.

Tab. 4.3 Bewertungsskala Wartungsfreundlichkeit

Geringerer Aufwand als Referenzmaterial	1 Punkt
Gleicher/ ähnlicher Aufwand wie Referenzmaterial	0 Punkte
Höherer Aufwand als Referenzmaterial	−1 Punkt

Die Kategorie D stellt ein ökobilanzielles Modul dar, dem im Rahmen der Beschreibung der Ressourceninanspruchnahme und der Wirkungen auf die globale Umwelt Vorteile bzw. Belastungen zugeordnet werden. Diese wiederum ergeben sich durch Wiederverwendung, Rückgewinnung oder Recycling eines Bauproduktes in der Zukunft, außerhalb des Lebenszyklus. Die verschiedenen Zertifizierungssysteme handhaben das genannte Modul unterschiedlich. Während die DGNB dem Modul D auf Gebäudeebene eine Bewertung zuführt, beschränkt sich LEED auf die Module A bis C. Gemäß Empfehlungen der Normen sind ökobilanzielle Angaben seither nur für die Module A1 bis A3 verpflichtend. Die restlichen Module können bisher auf freiwilliger Basis angegeben werden. Aus diesem Grund wird das Modul im Rahmen des Bewertungskonzeptes nicht berücksichtigt [4].

Insgesamt wird die Ökologie mit 40 % gewichtet. Dabei bekommt jede Unterkategorie jeweils 20 %, die sich wiederum auf die einzelnen Kriterien verteilen (Tab. 4.4).

Recyclinganteil

Unter diesem Aspekt wird der Anteil an recycelten Inhaltsstoffen im Baumaterial bewertet. Dabei handelt es sich, wie bereits in Abschn. 2.2 erläutert, um die Rückführung von Produktions- und Konsumabfällen in den Wirtschaftskreislauf, um dadurch natürliche Ressourcen zu schonen und die Umwelt zu schützen. Dadurch, dass Rückstände aus anderen Herstellungsprozessen weiterverwertet werden, wird vermieden, dass diese in die Umwelt abgegeben werden und somit auch aus ökonomischer Sicht Entsorgungskosten entfallen. Aufgrund der vielfältigen Einflüsse des Kriteriums auf verschiedene Bereiche wird es mit zehn Prozent gewichtet. Die Bewertung erfolgt in Bezug auf das herkömmliche Material als Referenzwert. Dabei erfolgt die Bewertung so (Tab. 4.5):

Tab. 4.4 Kriterien der Kategorie Ökologie

Kategorie	Kriterium	Gewichtung
Rohstoffquelle	Recyclinganteil	10
	Schadstofffreiheit	5
	Materialeinsparung	5
Lebenszyklus	Primärenergiebedarf	5
	CO_2-Fußabdruck	5
	Trennbarkeit	5
	Recyclingfähigkeit	5

Tab. 4.5 Bewertungsskala Recyclinganteil

Recyclinganteil höher als Referenzwert	1 Punkt
Recyclinganteil identisch wie Referenzwert; keine Angabe zum Recyclinganteil	0 Punkte
Kein Recyclinganteil bzw. geringerer Anteil als Referenzwert	−1 Punkt

Schadstofffreiheit

Das KrWG enthält Regelungen dazu, ab wann Abfälle und bestimmte Arten von Schrott nicht mehr als Abfall anzusehen sind. § 7 des KrWG gibt vor, dass eine Schadstoffanreicherung in Wertstoffkreisläufen nicht erfolgen darf. Damit eine hohe Verwertungsquote erreicht wird und die Abfälle nicht von anderen Abbruchabfällen gesondert behandelt werden, ist es von großer Bedeutung, dass Baustoffe so hergestellt und verwendet werden, dass nach ihrer Nutzungsphase keine Einstufung als gefährliche Abfälle erfolgt [5].

Die Abfallrahmenrichtlinie 2008/98/EG enthält in ihrem Anhang eine Einstufung der Gefährlichkeit von Abfällen. Darunter fallen unter anderem bspw. explosive, brandfördernde oder gesundheitsgefährdende Stoffe [6].

Durch die Kennzeichnung von Materialien mit Umweltzeichen, die hohe Anforderungen an schadstoff- und emissionsarme Bauprodukte haben, kann davon ausgegangen werden, dass es sich um schadstofffreie Baumaterialien handelt. Herkömmliche Materialien, die verbaut werden, beinhalten ebenfalls Schadstoffe. Ein Beispiel hierfür ist die Mineralfaserdämmung. Ihre Fasern können gesundheitsschädlich für den menschlichen Körper sein. Dennoch ist es nicht untersagt, dieses Material zu verbauen, sofern Sicherheitsmaßnahmen getroffen werden, die eine Gefährdung der menschlichen Gesundheit unterbinden. Wichtig bei der Beurteilung der Schadstoffe, die in einem Material enthalten sind, ist die Konzentration dieser. Die EPD gibt Auskunft über enthaltene Stoffe im Produkt mit mehr als 0,1 Massenprozent, die gemäß REACH-Verordnung in der ECHA–Liste (European Chemicals Agency) als besonders besorgniserregend gekennzeichnet sind [7]. Außerdem gibt es Labels, wie das Red List Free, das gesundheitsgefährdende und alle auf der Roten Liste aufgeführten Inhaltsstoffe ausschließt [8]. Da es sich hierbei um ein wichtiges Kriterium handelt, welches die menschliche Gesundheit betrifft, wird es mit zehn Prozent gewichtet. Die Bewertung erfolgt auf diesem Wege (Tab. 4.6):

Materialeinsparung

Bei diesem Kriterium geht es um die grundsätzliche Einsparung von Ressourcen, indem weniger Material benötigt wird. Das kann bspw. anhand einer verminderten Dicke oder der Dichte eines Baumaterials beurteilt werden. Auch die Materialeinsparung durch vermehrte Luftzwischenräume eines Materials durch eine weniger dichte Verfüllung zählt darunter. Zum Teil beinhaltet dieses Kriterium die Grundsätze der Suffizienzstrategie. Das Kriterium wird mit fünf Prozent gewichtet und in Abhängigkeit zum konventionellen Material als Referenzwert wie folgt bewertet (Tab. 4.7):

Tab. 4.6 Bewertungsskala Schadstofffreiheit

Schadstofffreies Baumaterial, Umweltzeichen	1 Punkt
Keine Angabe möglich	0 Punkte
Mehr als 0,1 Massenprozent Schadstoffe im Baumaterial enthalten	−1 Punkt

Tab. 4.7 Bewertungsskala Materialeinsparung

Geringerer Materialeinsatz	1 Punkt
Keine Materialeinsparung	0 Punkte
Höherer Materialeinsatz	−1 Punkt

Primärenergiebedarf

Unter diesem Kriterium wird der Primärenergiebedarf im Produktions- und Entsorgungsstadium des Baumaterials gemäß DIN EN 15804 bewertet. Unter dem Begriff Primärenergie wird die in natürlich vorkommenden Energiequellen zur Verfügung stehende Energie verstanden. Darunter fallen sowohl nicht erneuerbare Energien, wie z. B. Steinkohle, Erdöl und Erdgas, als auch erneuerbare Energien aus Sonnenstrahlung, Wasser- und Windkraft [9].

Der Primärenergiebedarf wird in der EPD in der Einheit Megajoule angegeben. Die Primärenergie für erneuerbare Energie ist unter dem Parameter „PERT" zu finden und die Primärenergie für nicht erneuerbare Energie unter dem Parameter „PENRT". Das Ergebnis des Gesamtprimärenergiebedarfs im Produktionsstadium A1–A3 ergibt sich aus der Summe der Primärenergie von erneuerbaren und nicht erneuerbaren Energien. Analog ergibt sich das Ergebnis für den Primärenergiebedarf im Entsorgungsstadium C1–C4 durch die Summe der erneuerbaren und nicht erneuerbaren Energien [10].

Das Produktionsstadium wird separat vom Entsorgungsstadium aufgeführt und bewertet, um beurteilen zu können, ob nachhaltige Materialien mit weniger Energiebedarf als konventionelle Materialien hergestellt werden. Der Wert des zu untersuchenden Materials wird mit dem Wert des Referenzmaterials verglichen. Eine Abweichung von bis zu zehn Prozent oberhalb bzw. unterhalb des Referenzwertes wird für eine neutrale Bewertung toleriert. Gewichtet wird das Herstellungsstadium zum einen mit 2,5 % und das Entsorgungsstadium ebenfalls mit 2,5 % (Tab. 4.8).

CO_2– Fußabdruck

Für dieses Kriterium werden die Angaben zum gesamten globalen Erwärmungspotenzial (GWP) während der Herstellungsphase (A1–A3) und der Entsorgungsphase (C1–C4) gemäß EPD der jeweiligen Baumaterialien miteinander verglichen. Diese Angabe wird in der Einheit kg CO_2-Äquivalente (CO_2-Äq.) angegeben. Das gesamte Treibhausgaspotenzial umfasst das fossile, das biogene und das aufgrund von Landnutzung und

Tab. 4.8 Bewertungsskala Primärenergiebedarf

Geringerer Primärenergiebedarf als Referenzwert	1 Punkt
Gleicher Primärenergiebedarf mit einer Abweichung von ± 10 % bzw. keine Angabe möglich	0 Punkte
Höherer Primärenergiebedarf als Referenzwert	−1 Punkt

Landnutzungsänderung verursachte Treibhausgaspotenzial. Das fossile Treibhausgaspotenzial berücksichtigt das GWP durch Treibhausgasemissionen und -bindung, die durch Oxidation oder Reduktion von fossilen Brennstoffen oder fossilen Kohlenstoff enthaltenden Stoffen durch ihre Umwandlung oder ihren Zerfall entstehen. Das biogene Treibhausgaspotenzial beinhaltet das GWP aus der Bindung von CO_2 in Biomasse aus allen Quellen. Das Treibhausgaspotenzial aufgrund von Landnutzung und Landnutzungsänderung betrachtet die Treibhausgasemissionen und Bindungen, die durch Änderungen des festgelegten Kohlenstoffbestandes infolge der Landnutzung und Landnutzungsänderung in Zusammenhang mit der funktionalen Einheit entstehen [3]. Dieses Kriterium erhält fünf Prozent als Gewichtung, die sich zur Hälfte auf die zwei Phasen aufteilen, und wird im Vergleich zum Referenzmaterial bewertet (Tab. 4.9).

Trennbarkeit

Das Kriterium Trennbarkeit betrachtet die Anzahl von Komponenten eines Baumaterials, die je nachdem, ob es sich um homogene oder heterogene Materialien handelt, unterschiedliche Auswirkungen auf die Rückführung des Materials in den Kreislauf hat. Homogene Materialien können gemäß der Abfallhierarchie für gleichwertige Weiterverwertung wie Recycling genutzt werden. Im Gegensatz dazu sind heterogene Materialien, die schwer in ihre einzelnen Komponenten trennbar sind, häufig nur im Rahmen des Downcyclings, also einer niederwertigen Weiterverwertung nützlich, indem sie bspw. als Verfüllstoff im Straßen- und Erdbau eingesetzt werden. Materialien, die aus mehreren Komponenten bestehen, die nicht voneinander getrennt werden können und für das Downcycling genutzt werden können, sind zu beseitigen. Das hat einen negativen Einfluss auf die Rückführung der Materialien in einen Kreislauf. Dieses Kriterium wird mit fünf Prozent gewichtet und kann unabhängig von einem Referenzwert wie folgt bewertet werden (Tab. 4.10):

Tab. 4.9 Bewertungsskala CO_2-Fußabdruck

Geringerer CO_2 – Fußabdruck als Referenzwert	1 Punkt
Gleicher CO_2 – Fußabdruck mit Abweichung bis ± 10 % bzw. keine Angabe möglich	0 Punkte
Höherer CO_2 – Fußabdruck als Referenzwert	−1 Punkt

Tab. 4.10 Bewertungsskala Trennbarkeit

Eine Komponente	1 Punkt
Mehrere Komponenten – kein erhöhter Aufwand für die Trennung notwendig	0 Punkte
Nicht trennbare Materialien, die zu beseitigen sind	−1 Punkt

Recyclingfähigkeit
Die Recyclingfähigkeit hängt von verschiedenen Faktoren, wie z. B. der Trennbarkeit oder Demontage von Materialien ab. Auch schadstoffhaltige Inhaltsstoffe wirken sich negativ auf die Recyclingfähigkeit eines Materials aus. Wenn die Montage eines Baumaterials mit bspw. Kleber durchgeführt wird, gestaltet sich die Demontage des Materials schwierig und beeinflusst die Reinheit des Materials negativ. Insofern kann es nur bedingt für eine gleichwertige Nutzung weiterverwertet werden. Verschraubungen hingegen ermöglichen eine Zerlegung der Bauteile in ihre ursprünglichen Bestandteile. In der EPD werden Angaben zur Wiederverwertbarkeit bzw. Recyclingfähigkeit eines Materials prozentual angegeben. Die Recyclingfähigkeit wird ebenfalls mit fünf Prozent gewichtet und unabhängig von einem Referenzwert wie folgt bewertet (Tab. 4.11):

Ökonomie
Die Ökonomie, welche als eine der drei Säulen der Nachhaltigkeit definiert und deren hohe Bedeutung von *Etzel* aufgegriffen wird, gliedert sich in eine gesonderte Kategorie. Die Ökonomie setzt sich aus verschiedenen Kriterien zusammen, die Auswirkungen auf die Wirtschaftlichkeit eines Materials haben. Beim Bau von Einzelhandelsimmobilien kann die mangelnde Wirtschaftlichkeit eines Materials häufig dazu führen, dass es nicht eingesetzt wird. Diese Hauptkategorie setzt sich zum einen aus der Unterkategorie Anschaffungskosten und zum anderen aus der Unterkategorie Lebenszykluskosten zusammen. Bei den Anschaffungskosten werden nur die Investitionskosten des Materials betrachtet.

Die Unterkategorie Lebenszykluskosten beinhaltet folgende Kriterien:

- Wartung und Instandhaltung
- Betriebskosten
- Rückbau- und Entsorgungskosten

Insgesamt wird die Kategorie Ökonomie mit 20 % gewichtet.

Investitionskosten
Das Kriterium Investitionskosten stellt den Vergleich des Preises von dem zu untersuchenden Material zum Preis des herkömmlichen Materials dar. Die Werte werden quantitativ je Einheit des Materials gegenübergestellt und bewertet. Sie beschreiben die

Tab. 4.11 Bewertungsskala Recyclingfähigkeit

Recyclingfähig	1 Punkt
Keine Angabe möglich	0 Punkte
Nicht recyclingfähig	−1 Punkt

Kosten, mit welchen für die Anschaffung des Materials zu rechnen ist. Die Betriebskosten sind hierbei nicht berücksichtigt. Im ersten Entwurf des Bewertungskonzeptes wird eine Abweichung in Höhe von zehn Prozent gegenüber den Investitionskosten des Referenzmaterials toleriert. Der Grund hierfür ist, dass das Konzept flexibel auf verschiedene Arten von Materialien anwendbar sein soll. Ein Material, das nur eine geringe Masse der gesamten Immobilie einnimmt, hat nicht so große Auswirkungen auf die Kosten der Immobilie wie ein Material, das eine deutlich größere Menge in der Immobilie ausmacht. Das Kriterium wird mit fünf Prozent gewichtet (Tab. 4.12).

Lebenszykluskosten

Um die Wirtschaftlichkeit eines Materials umfassender beurteilen zu können, ist es notwendig, die Lebenszykluskosten des Materials zu betrachten. Das Produkt, welches die geringste Summe aller Kosten über die gesamte Lebensdauer hat, kann als das Wirtschaftlichste identifiziert werden [11].

Es ist wichtig, einzelne Baumaterialien zu betrachten, denn erst dann können konkrete Schlüsse auf Handlungsalternativen und Optimierungspotenziale für Gebäude gezogen werden. Für die Bestimmung der Lebenszykluskosten werden über die Investitionskosten hinaus auch die Instandhaltungskosten, Betriebskosten und Entsorgungskosten betrachtet.

Die DGNB ermittelt die jährlichen Kosten für Bedienung, Inspektion und Wartung über einen vereinfachten Ansatz, indem die Kosten über Prozentsätze der Herstellkosten für die jeweiligen Kosten nach DIN 276 ermittelt werden. Zu den Lebenszykluskosten gehören anfallende Kosten während der Herstellung, Nutzungsphase und Verwertungsphase von Baumaterialien. Darunter fallen Wartungs- und Instandhaltungskosten, Energiekosten und Entsorgungskosten. Externe Kosten, die durch die Schädigung der Umwelt und des Ökosystems anfallen und langfristig zu gemeinschaftlichen Kosten führen, sind auch Teil der Lebenszykluskosten [11].

Sie werden jedoch im Rahmen dieser Arbeit nicht berücksichtigt. Aufgrund dessen, dass im Rahmen dieser Arbeit technische Anlagen nicht untersucht werden, spielen Versorgungskosten für einzelne Baumaterialien eine geringere Rolle. Insbesondere Energiekosten von Baumaterialien in der Nutzungsphase können einer geringeren Relevanz zugeordnet werden. Für das Bewertungskonzept von nachhaltigen Baumaterialien wird eine qualitative Wertung der Lebenszykluskosten gewählt, indem sie in Abhängigkeit von verschiedenen Faktoren und Erfahrungswerten eingeschätzt werden. Dazu wird auf die Wartungs- und Instandhaltungskosten sowie die Rückbau- und Entsorgungskosten eingegangen. Zudem wird anhand verschiedener Faktoren auch die Lebensdauer der

Tab. 4.12 Bewertungsskala Investitionskosten

Preis geringer als Referenzwert	1 Punkt
Preis entspricht Referenzwert mit einer Abweichung von ± 10 %	0 Punkte
Preis höher als Referenzwert	−1 Punkt

Baumaterialien qualitativ eingeschätzt. Dadurch, dass nur eine qualitative und subjektive Wertung im Rahmen des Bewertungskonzeptes dieser Arbeit erfolgt und nicht ein Vergleich von festen Zahlenwerten, die für die Zukunft prognostiziert werden, wird eine Gewichtung von 15 % gewählt, die auf die drei Bewertungskriterien Lebensdauer, Wartungs- und Instandhaltungskosten sowie Rückbau- und Entsorgungskosten verteilt wird.

Lebensdauer

Auch die Langlebigkeit und Haltbarkeit eines Materials hat starken Einfluss auf dessen Wirtschaftlichkeit. Das ist darauf zurückzuführen, dass sich ein Material mit einer langen Lebensdauer möglicherweise langsamer amortisiert, jedoch langfristig wirtschaftlicher sein kann. Die Amortisationsdauer kann dabei verkürzt werden, indem geringer Wartungsaufwand oder seltener Austausch von Baumaterialien notwendig ist. Auch das Kriterium Lebensdauer wird qualitativ bewertet, indem die Qualität und Zusammensetzung sowie die Materialeigenschaften, wie Beständigkeit gegen Umwelteinflüsse beurteilt werden. Die Lebensdauer hängt zudem von der Nutzungsintensität und Art der Belastung ab. In manchen Fällen sind in technischen Datenblättern Informationen zur Lebensdauer vorzufinden. Aufgrund dessen, dass nicht immer davon ausgegangen werden kann, dass die Lebensdauer anhand einer genauen Angabe quantitativ verglichen und bewertet werden kann, erfolgt bei diesem Kriterium ebenfalls eine qualitative Einschätzung anhand der Materialeigenschaften im Vergleich zum konventionellen Referenzmaterial.

Das Kriterium erhält ebenfalls fünf Prozent als Gewichtung (Tab. 4.13):

Wartungs- & Instandhaltungskosten

Dieses Kriterium berücksichtigt den Aufwand, der für die Wartung und Instandhaltung der Materialien betrieben werden muss, um die Funktionalität und das Erscheinungsbild des Baumaterials zu erhalten. Darunter fallen Reinigungs- und Pflegekosten, die in Abhängigkeit von verschiedenen Eigenschaften der Baumaterialien unterschiedlich hoch anfallen können. Instandhaltungskosten variieren in Abhängigkeit davon, wie oft eine Reparatur oder der Austausch eines Materials notwendig ist. Instandhaltungskosten können häufig auch ungeplant anfallen, indem ein unvorhergesehener Schaden auftritt, der behoben werden muss. Die Höhe der Wartungs- und Instandhaltungskosten während der Nutzungsdauer kann von verschiedenen Faktoren abhängen. Dazu gehören die

Tab. 4.13 Bewertungsskala Lebensdauer

Höhere Lebensdauer als Referenzmaterial aufgrund besserer/ widerstandsfähiger Eigenschaften	1 Punkt
Gleiche/ ähnliche Lebensdauer wie Referenzmaterial	0 Punkte
Geringere Lebensdauer als Referenzmaterial aufgrund schlechterer/ empfindlicherer Eigenschaften	−1 Punkt

Materialeigenschaften wie zum Beispiel ihre Qualität und Beständigkeit oder Umweltbedingungen wie das Klima, die Luftverschmutzung oder die Feuchtigkeit in verschiedenen Regionen. Die Nutzungsintensität und mechanische Beanspruchung können die Instandhaltungskosten stark beeinflussen. Zudem sind häufig schwer zugängliche Baumaterialien mit einem höheren Aufwand für die Wartung verbunden. Sofern das Material technisch fortgeschritten ist und bspw. Schutzbeschichtungen oder Versiegelungen besitzt, kann von geringeren Instandhaltungskosten ausgegangen werden. Dieses Kriterium wird mit fünf Prozent gewichtet und in Abhängigkeit der verschiedenen technischen Eigenschaften, die ein Material aufweist, qualitativ eingeschätzt und im Vergleich zum herkömmlichen Material wie folgt bewertet (Tab. 4.14):

Rückbau-/Entsorgungskosten

Rückbau- und Entsorgungskosten sind stark von der Beschaffenheit des Baumaterials abhängig. Auch umweltverträgliche Vorgaben oder die Möglichkeit des Recyclings zahlen spielen dabei eine Rolle. Die Rückbaukosten sind mit dem Arbeitsaufwand des Rückbaus und der Komplexität der Demontage verbunden. Die leichte Trennbarkeit eines Baumaterials in seine einzelnen Komponenten wirkt sich positiv auf die Rückbaukosten aus. Für die Entsorgungskosten spielt der Zusammenhang zu umweltschädlichen Stoffen eine bedeutende Rolle, da dadurch mit höheren Kosten für spezielle Entsorgungsverfahren zu rechnen ist. Für Materialien, die leicht recycelt oder wiederverwendet werden, ist mit geringeren Entsorgungskosten zu rechnen. Sofern ein Material beseitigt werden muss und nicht zurück in einen Kreislauf im Sinne von Recycling geführt wird, ist mit Entsorgungsgebühren auf Deponien zu rechnen. Für dieses Kriterium werden ebenfalls die Eigenschaften des zu untersuchenden Materials und des konventionellen Materials gegenübergestellt und qualitativ abgeschätzt, bei welchem Material mit höheren Entsorgungskosten zu rechnen ist. Das Kriterium erhält fünf Prozent der Gesamtgewichtung und wird so bewertet (Tab. 4.15):

Tab. 4.14 Bewertungsskala Wartungs- und Instandhaltungskosten

Geringere Instandhaltungskosten als Referenzmaterial aufgrund besserer Eigenschaften	1 Punkt
Gleiche/ Ähnliche Instandhaltungskosten wie Referenzmaterial	0 Punkte
Höhere Instandhaltungskosten als Referenzmaterial aufgrund schlechterer Eigenschaften	–1 Punkt

Tab. 4.15 Bewertungsskala Rückbau- und Entsorgungskosten

Geringere Entsorgungskosten als Referenzmaterial aufgrund besserer Eigenschaften	1 Punkt
Gleiche/ ähnliche Entsorgungskosten wie Referenzmaterial	0 Punkte
Höhere Entsorgungskosten als Referenzmaterial aufgrund schlechterer Eigenschaften	–1 Punkt

Technische Kriterien

Eignung für Beanspruchung

Mit diesem Kriterium soll beurteilt werden, ob das zu untersuchende Material den Beanspruchungen, für die es vorgesehen ist, standhält. Im Einzelhandel ist häufig mit höheren Beanspruchungen als im Wohnungsbau zu rechnen. Dieses Kriterium umfasst aufgrund der allgemeinen Anwendung des Bewertungskonzeptes auf verschiedene Arten von Materialien unterschiedliche Eigenschaften dieser. Je nach Material sind die notwendigen und relevanten Eigenschaften des herkömmlichen Materials mit dem zu untersuchenden Material aus dem technischen Datenblatt auszuwählen und miteinander zu vergleichen. Zu den möglichen Beanspruchungen, die zu berücksichtigen sind, gehören je nach Material Anforderungen z. B. an den Brand-, Schall-, Wärme- und Feuchteschutz sowie die Druckfestigkeit, die Tragfähigkeit, die Widerstandsfähigkeit gegen Witterung und Schlagbeanspruchung oder die Rutschsicherheit. Dieses Kriterium ist als K.O.-Kriterium definiert. Sobald das neue Material die Anforderungen des Referenzmaterials nicht einhält, wird es nicht weiter betrachtet. Das Gesamtergebnis der Bewertung wird direkt als rot eingeordnet. Sofern das Material für die vorgesehene Beanspruchung geeignet ist, wird es mit 15 % gewichtet und wird so bewertet (Tab. 4.16):

Zertifizierungen und Standards

Bei diesem Kriterium geht es darum, das Vorhandensein verschiedener Zertifikate und Standards eines Materials zu bewerten. Bei Vorhandensein einer Zertifizierung für Nachhaltigkeit erfolgt eine positive Bewertung, da dadurch das Image gestärkt werden kann. Das Einhalten von Bauvorschriften ist von großer Bedeutung für den Einsatz von Materialien und kann durch eine CE-Kennzeichnung (Conformité Européenne) oder Umweltzertifikate wie dem Blauen Engel nachgewiesen werden. Beim Vorhandensein einer EPD für ein Material erfolgt ebenfalls eine positive Bewertung. Zusätzlich vorhandene Prüfzeugnisse zu einem Material können ebenfalls von Vorteil sein, um die Materialeigenschaften besser einschätzen zu können. Wenn Zulassungen, Prüfzeugnisse, EPDs oder Umweltzertifikate nicht vorhanden sind, hat das keinen direkt einen negativen Einfluss auf die Nachhaltigkeit eines Materials. Es stellt jedoch dar, dass zum Erlangen dieser Dokumente ein erhöhter Aufwand zu betreiben ist als bei Materialien, die diese schon haben. Umweltzertifikate, Zulassungen bzw. Prüfzeugnisse und EPDs werden jeweils mit zwei Prozent gewichtet. Das Einhalten von Bauvorschriften wird mit vier Prozent gewichtet. Die Bewertung erfolgt folgendermaßen (Tab. 4.17):

Tab. 4.16 Bewertungsskala technischer Anforderungen

Besser als bzw. gleich wie die Eigenschaften des Referenzwertes	1 Punkt
Keine Angabe möglich	0 Punkte
Erfüllt Anforderungen nicht	−1 Punkt

Tab. 4.17 Bewertungsskala Zertifizierungen und Standards

Vorhandensein der Unterlagen	1 Punkt
Keine Angabe möglich	0 Punkte
Nicht Vorhandensein der Unterlagen	−1 Punkt

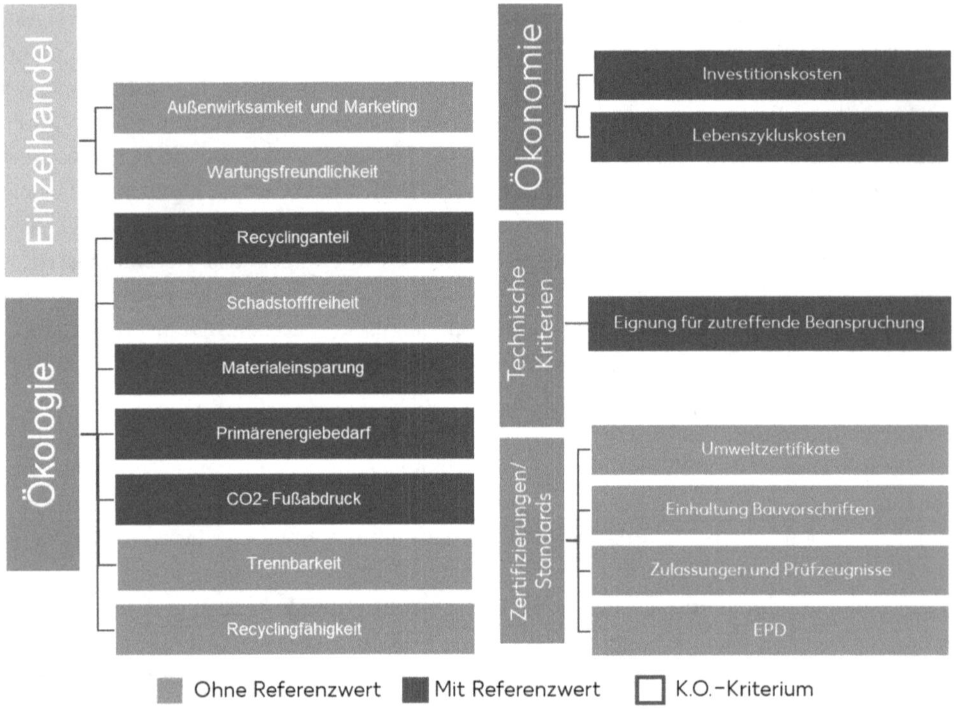

Abb. 4.2 Übersicht der Kriterien

Zusammenfassung
Die nachfolgende Abbildung zeigt eine Übersicht der Kriterien, die in das Bewertungskonzept integriert werden (Abb. 4.2):

Zusammengefasst kann das Bewertungskonzept zur Identifikation von nachhaltigen Baumaterialien im Vergleich zu konventionell verbauten Baumaterialien wie folgt dargestellt werden (Tab. 4.18).

Tab. 4.18 Übersicht Bewertungskonzept

Haupt-kategorie	Einzelkriterium	Gewichtung	Bewertung 1; 0; -1	Ergebnis
Einzelhandel 15%	**Attraktivität**	**10**		**0**
	Außenwirksamkeit und Marketing	10		0
	Funktionalität und Nutzbarkeit	**5**		**0**
	Wartungsfreundlichkeit / Reinigungs- und Instandhaltungsfreundlichkeit	5		0
Ökologie 40%	**Rohstoffquelle**	**20**		**0**
	Recyclinganteil	10		0
	Schadstofffreiheit	5		0
	Materialeinsparung durch geringere Masse - Suffizienz	5		0
	Lebenszyklus	**20**		**0**
	Primärenergiebedarf Produktionsstadium	2,5		0
	Primärenergiebedarf Entsorgungsstadium	2,5		0
	CO - Fußabdruck Produktionsstadium	2,5		0
	CO - Fußabdruck Entsorgungsstadium	2,5		0
	Trennbarkeit	5		0
	Recyclingfähigkeit/ Wiederverwertbarkeit	5		0
Ökonomie 20%	**Anschaffungskosten**	**5**		**0**
	Investitionskosten	5		0
	Lebenszykluskosten	**15**		**0**
	Lebensdauer	5		0
	Wartungs- und Instandhaltungskosten	5		0
	Rückbau-/ Entsorgungskosten	5		0
Technische Kriterien 15%	**Technische Leistungsfähigkeit**	**15**		0
	Eignung für zutreffende Beanspruchung	15		0
Zertifizierung und Standards 10%	Umweltzertifikate	2		0
	Einhaltung Bauvorschriften	4		0
	Zulassungen und Prüfzeugnisse	2		0
	EPD	2		0
	Summe Prozent:	**100**	**Score:**	**0**

Literatur

1. Cornelsen Verlag GmbH. https://www.duden.de/rechtschreibung/Konzept, 05.08.2024.
2. Deutsche Gesellschaft für Nachhaltiges Bauen. Bauprodukte im Blick der Nachhaltigkeit, Report September 2022, 2022.
3. Deutsches Institut der Normung. DIN EN 15804, Nachhaltigkeit von Bauwerken – Umweltproduktdeklarationen – Grundregeln für die Produktkategorie Bauprodukte; Deutsche Fassung EN 15804:2012+A2:2019 + AC:2021, Stand März 2022.
4. Bundesinstitut für Bau-, Stadt- und Raumforschung . Forschungsinitiative „Zukunft Bau" – Wissenschaftliche Begleitung der Arbeitsgruppe „Modul D" des Runden Tisches Nachhaltiges Bauen, Endbericht, September 2017.
5. Kreislaufwirtschaftsgesetz Gesetz zur Förderung der Kreislaufwirtschaft und Sicherung der umweltverträglichen Bewirtschaftung von Abfällen (Kreislaufwirtschaftsgesetz - KrWG), zuletzt geändert durch Artikel 5 des Gesetzes vom 2. März 2023 (BGBI. 2023 I Nr. 53), 2012 (Ausfertigungsdatum).
6. Europäisches Parlament und Europäischer Rat. Amtsblatt der Europäischen Union (2008): RICHTLINIE 2008/98/EG DES EUROPÄISCHEN PARLAMENTS UND DES RATES über Abfälle und zur Aufhebung bestimmter Richtlinien
7. Institut Bauen und Umwelt e.V. Umweltproduktdeklaration, Betonpflasterstein REDOTTO-RC mit über 40% Recyclinganteil, EPD-BRS-20220171-CBC1-DE, Juli 2022.
8. ZeroDocs. https://sustainabilitydocs.com/sustainability-submittals/redlist-declaration/, 10.08.2024
9. Umweltbundesamt https://www.umweltbundesamt.de/daten/energie/primaerenergieverbrauch#definition-und-einflussfaktoren, 10.08.2024.
10. Institut Bauen und Umwelt e. V. Umwelt-Produktdeklaration – Keramische Fliesen und Platten, Bundesverband Keramische Fliesen e.V., EPDBKF20220183ICG1DE, Juli 2022.
11. Schwarz, J. Berücksichtigung von Lebenszykluskosten bei der Vergabe von Bauleistungen als Zuschlagskriterium, Forschungsprogramm: Zukunft Bau, Universität der Bundeswehr München, 2015.

5 Anwendung des Bewertungskonzeptes im Praxiszusammenhang

5.1 Ausgangssituation

Die Kaufland Stiftung & Co.KG gehört zur Schwarz-Gruppe und betreibt in Europa aktuell 1548 Einkaufsfilialen unter der Marke Kaufland. Die Filialstandorte befinden sich in Deutschland, Tschechien, Slowakei, Kroatien, Polen, Rumänien, Bulgarien und in der Republik Moldau. Kernelement der Unternehmensstrategie ist die Versorgung der Bevölkerung mit Lebensmitteln und Waren des täglichen Bedarfs [1].

Dabei kommt es zur Erschließung neuer Standorte, zur Planung, zum Bau und zur Vermietung sowie zur Anmietung von Immobilienobjekten bei fremden Eigentümern oder Shopping-Centern. Nicht nur Neubauten, sondern auch Umbauprojekte und Modernisierungen sind Teil der Immobilienprojekte. Um den Kunden attraktive Einkaufsmöglichkeiten und einen Wiedererkennungswert der Marke Kaufland an unterschiedlichen Standorten zu bieten, sind das Filialdesign und die zu verwendenden Materialien in einem hohen Maß standardisiert. Baumaterialien und Konzepte müssen baurechtliche und andere spezifische Anforderungen erfüllen. Wesentliche Aspekte dabei sind Robustheit, Beständigkeit, Langlebigkeit sowie geringe Instandhaltungs- und Reparaturkosten. Der Auswahl geeigneter Materialien kommt somit eine sehr große Bedeutung zu. Das Unternehmen Kaufland hat die Verantwortung gegenüber Mensch, Tier und Umwelt in den Grundsätzen seiner Unternehmensstrategie verankert und legt großen Wert auf eine nachhaltige Umsetzung und einen klimaschonenden Betrieb von Bauprojekten [2].

Die Kaufland Baubeschreibung (KaBa) beinhaltet die Mindestanforderungen an Planung und Ausführung des Bauwerks. Jedem Raum einer Filiale werden im Raumbuch konkrete Baumaterialien und Ausstattungen zugewiesen. Die Baumaterialien und Ausstattungselemente sind in drei Gruppen gegliedert. Es wird unterschieden zwischen Basisbausteinen, erweiterten Bausteinen und nachhaltigen Bausteinen. Nachhaltige

E. Sakris, *Chancen und Herausforderungen für nachhaltiges und kreislaufgerechtes Bauen von Einzelhandelsimmobilien,* Entwicklung neuer Ansätze zum nachhaltigen Planen und Bauen, https://doi.org/10.1007/978-3-658-47954-1_5

Bausteine leisten einen Beitrag zur Förderung der Biodiversität, zum Erhalt des natürlichen Wasserkreislaufs, zum Recycling oder zur Kreislaufwirtschaft. Diese nachhaltigen Materialien sind zusätzlich durch mindestens eines der sechs EU-Taxonomie-Ziele gekennzeichnet [3].

Um die nachhaltigen Bausteine zu erweitern und Alternativen für konventionelle Baustoffe zu finden, wurde das Bewertungskonzept in Kap. 4 entwickelt. Für die Bewertung der Anwendbarkeit des entwickelten Bewertungskonzeptes wird es beispielhaft auf ausgewählte Baumaterialien angewendet. Die Bewertung erfolgt gemäß des beschriebenen Bewertungsverfahrens in Abschn. 4.3.2. Dabei sollen Chancen und Herausforderungen ausgearbeitet werden, sodass Optimierungsmöglichkeiten in Form einer Handlungsempfehlung formuliert werden.

Für die Prüfung der Anwendbarkeit des in Kap. 4 entwickelten Bewertungskonzeptes wurden drei Baumaterialien ausgewählt. Dabei handelt es sich um Feinsteinzeugfliesen, Glasfaserdämmung und Betonpflastersteine. Diese Materialien bieten, vor allem durch ihren hohen Anteil am Gebäude, Einsparungen in ökologischer und ökonomischer Hinsicht und besitzen dadurch das Potenzial für eine spürbare und nachhaltige Wirkung. Für diese potenziellen Materialien liegen zum einen jeweils ein Artikeldatenblatt des Herstellers und eine EPD vor. Zum anderen wurden für manche der zu untersuchenden Baumaterialien Prüfungen durchgeführt, die Auskunft über weitere Angaben zur Belastbarkeit und zu Eigenschaften des Baumaterials geben. Für weitere allgemeine Informationen zum Material wird die Hersteller-Webseite herangezogen. Für die Bewertung anhand der festgelegten Kriterien werden die notwendigen Daten diesen Unterlagen entnommen und wie in Abschn. 4.3.3 beschrieben, entsprechend im Bewertungskonzept eingetragen. Zur Bewertung der Kriterien, für die ein Referenzwert benötigt wird, werden die technischen Daten und EPDs der Referenzmaterialien herangezogen. Für die Fliesen wird einerseits die erste Option aus Abschn. 4.3.1 gewählt. Dabei handelt es sich um ein verbindliches Baumaterial, das durch einen Rahmenvertrag in der KaBa verankert ist. Mit diesem Material werden alle Kriterien bis auf die technischen Eigenschaften bewertet. Für die Fleckenbeständigkeit, Biegefestigkeit, Rutschhemmung und Bruchkraft wird andererseits die dritte Variante gewählt, da die KaBa hierfür Vorgaben vorschreibt, die zur Auswahl geeigneter Materialien dienen. Da für das verankerte Standardmaterial, das als Referenzwert dient, keine EPD vorliegt, hat dies Auswirkungen auf die Bewertung, die in Abschn. 5.2 aufgezeigt werden. Die Dämmung und die Pflastersteine werden mit den Eigenschaften einer Produktreferenz aus der KaBa verglichen. Dies entspricht der zweiten Option aus Abschn. 4.3.1. Im Anhang 7.3, 7.6 und 7.9 werden die für die Bewertung der Materialien relevanten Eigenschaften und Kriterien gegenübergestellt. Diese Angaben stammen zum einen aus den technischen Datenblättern und EPDs der betrachteten Materialien. Zum anderen sind zum Teil Spezifikationen aus der KaBa angegeben. Diese sind entsprechend gekennzeichnet.

Darüber hinaus wird abgesehen von der festgelegten Gewichtung im letzten Schritt, die Kategorie Ökonomie ausgegrenzt. Damit soll ihr Einfluss auf das Bewertungsergebnis aufgezeigt werden. Ihre Gewichtung wird in diesem Schritt auf den Bereich der Ökologie verlagert.

5.2 Evaluierung der Ergebnisse

Die Anwendung der Materialien auf das Bewertungskonzept ergibt verschiedene Ergebnisse für die unterschiedlichen Materialien. Folgende Tabelle stellt eine Kurzübersicht der Bewertungsergebnisse dar. Im Anschluss wird beschrieben, wie die Bewertung zustande kam. Die Gegenüberstellung der Materialeigenschaften und die ausführliche Übersicht des Bewertungskonzeptes können dem Anhang entnommen werden (Tab. 5.1).

Je nachdem, welche Angaben zum jeweiligen Produkt vom Hersteller angegeben werden, ergeben sich Herausforderungen bei der Bewertung des Materials. Im Folgenden werden anhand der Kriterien die Herausforderungen während der Bewertung aufgezeigt.

Einzelhandel

Attraktivität

Die Bewertung der Attraktivität erfolgt, wie in Abschn. 4.3.3 beschrieben. Sowohl für die Fliesen als auch für die Pflastersteine ergibt sich eine positive Bewertung. Für die Dämmung wird aufgrund dessen, dass das Material nach seinem Einbau nicht sichtbar ist, eine neutrale Bewertung vorgenommen. Die Bewertung ist wie folgt zu erklären (Tab. 5.2):

Funktionalität und Nutzbarkeit

Für die Funktionalität und Nutzbarkeit der Pflastersteine und Dämmung wurde eine neutrale Bewertung vorgenommen, da die Produkte im Vergleich zu den bereits im Standard verankerten Produkten keine Eigenschaften aufweisen, die mit einer erhöhten Wartung in Verbindung stehen. Die Fliesen übertreffen, wie es dem Anhang 7.3 zu entnehmen ist, die Anforderungen von Kaufland hinsichtlich der Biege- sowie der Bruchfestigkeit. Für die Fleckenbeständigkeit halten sie die Anforderungen ein. Da die positiven Eigenschaften überwiegen, erhält sie eine positive Bewertung. Für die Pflastersteine ist im Vergleich zu den Standard-Pflastersteinen kein zusätzlicher Reinigungsaufwand zu erwarten. Zudem erfüllt es die Anforderungen an die Befahrbarkeit mit Einkaufswagen. Die unter-

Tab. 5.1 Kurzübersicht Ergebnisse Bewertungskonzept

Kategorie	Fliesen	Pflastersteine	Dämmung	Max. erreichbare Punktzahl
Einzelhandel	15	10	0	15
Ökologie	20	30	10	40
Ökonomie	5	0	−5	20
Technische Kriterien	15	15	15	15
Zertifizierungen und Standards	10	10	10	10
Ergebnis	65	65	30	100

Tab. 5.2 Bewertung der Attraktivität der Materialien

Aspekt/ Material	Fliesen	Pflasterstein	Dämmung
Umweltzertifikat	Cradle to Cradle GOLD [4]	Der Blaue Engel [5]	Der Blaue Engel, DGNB Navigator [6]
Recyclinganteil	45 % [7]	40 % [8]	72 % [9]
Recyclingfähigkeit	70 %	100 %	0 %
Einzigartigkeit, Innovation	/	Sichtbarer Recyclinganteil	/
Markenidentität, Farbschema	Grau	Grau	Nicht sichtbar
Summe Punkte	4	5	0

suchte Dämmung hat ebenfalls keine Eigenschaften, die auf einen erhöhten Aufwand für die Wartung hinweisen.

Herausforderungen
Die Herausforderung in der Kategorie Einzelhandel besteht darin, dass die Bewertung der Attraktivität auf dem persönlichen Empfinden des Bewerters beruht. Dies kann zu unterschiedlichen Bewertungen führen, die sich positiv oder negativ auf das Ergebnis auswirken können. Um dieser Problematik entgegenzuwirken, wurde bei der Definition des Kriteriums Außenwirksamkeit und Marketing eine Checkliste erstellt, die bei der Bewertung unterstützen soll. Für die Bewertung der Funktionalität und Nutzbarkeit des untersuchten Materials stellt sich die Schwierigkeit auf, die relevanten Materialeigenschaften zu vergleichen, die Aufschluss über die Wartungsfreundlichkeit eines Materials geben. Das Bewertungskonzept ist durch seine flexible Anwendbarkeit auf verschiedene Arten von Baumaterialien nicht in dieser Tiefe aufgegliedert, um diese Materialeigenschaften direkt identifizieren zu können.

Ökologie
Rohstoffquelle
Die Bewertung in dieser Kategorie erfolgt sowohl für die Fliesen als auch für die Pflastersteine und die Dämmung positiv. Dies ist darauf zurückzuführen, dass der EPD der Fliesen entnommen werden kann, dass sie zu 45 % aus recyceltem Material hergestellt werden [7]. Der analysierte Pflasterstein gibt Auskunft darüber, dass über 40 % recyclebare Gesteinskörnungen zu den Grundinhaltsstoffen des Pflastersteins gehören [8]. Für die Schadstofffreiheit wird ebenfalls in der EPD der Materialien beschrieben, dass die Baumaterialien keine für eine Zulassung in Frage kommenden, besonders besorgniserregenden Stoffe oberhalb von 0,1 Massenprozent enthalten. Die Materialeinsparung bei den Fliesen kommt durch eine geringere Dicke des analysierten Materials im Vergleich zum Standardmaterial zustande. Dabei handelt es sich um eine Abweichung von 1,8 mm [10]. Bei den Pflastersteinen ist die Materialeinsparung auf das

geringere Flächengewicht des analysierten Materials zurückzuführen [11]. Die Dämmung weist durch eine geringere Rohdichte ebenfalls eine Materialeinsparung auf. Die entsprechenden Angaben wurden den technischen Datenblättern der jeweiligen Materialien entnommen.

Lebenszyklus
Da für die standardisierten Fliesen derzeit keine EPD vorliegt, konnten die Werte des Primärenergiebedarfs und der CO_2-Emissionen nicht gegenübergestellt werden. Deshalb erfolgt eine neutrale Bewertung. Bei der untersuchten Dämmung zeigte die EPD im Vergleich zur EPD des in der KaBa verankerten Materials, dass ein höherer Primärenergiebedarf und CO_2-Fußabdruck im Herstellungsprozess und Entsorgungsstadium des betrachteten Materials anfällt. Bei den Pflastersteinen werden gemäß EPD weniger Emissionen bei der Produktion und Entsorgung freigesetzt. Die Trennbarkeit eines Materials geht mit der Demontage und der Recyclingfähigkeit einher. Dabei sind die Inhaltsstoffe des Materials zu betrachten. Alle Materialien, bis auf die Dämmung, bestehen dabei aus mehreren einzelnen Komponenten, die die Trennbarkeit des Materials in seine einzelnen Bestandteile erschwert. Aus diesem Grund wurde für die Fliesen und Pflastersteine eine negative Bewertung vorgenommen. Eine schlechte Trennbarkeit schließt die Weiterverwertung des Materials jedoch nicht aus. Die EPD gibt Auskunft darüber, inwiefern Recycling möglich ist. Obwohl die Dämmung aus einer Komponente besteht, wird laut EPD eine Deponierung von 100 % des Materials vorgesehen, da derzeit noch kein etabliertes Sammelsystem existiert [9]. Für die Fliesen gibt die EPD an, dass 70 % zerkleinert werden können, um in den Kreislauf zurückgeführt zu werden und 30 % auf der Deponie verenden [7]. Für die Pflastersteine ist ein 100 %iges Recycling des Baumaterials vorgesehen [8].

Herausforderungen
Hersteller nutzen Angaben zu Recyclinganteilen für Zwecke des Marketings, um damit die Aufmerksamkeit zu wecken. Dennoch wird ersichtlich, dass ein hoher Recyclinganteil zwar einerseits von Vorteil ist, da dadurch der Ressourcenverbrauch reduziert wird, andererseits kann dennoch eine vollständige Deponierung am Ende des Lebenszyklus eines Produktes vorgesehen sein. Zudem ist eine Unmöglichkeit des vorgesehenen Verwertungsweges auszuschließen, da es sich bei den Angaben um Prognosen handelt. Die Demontage ist dabei auch von großer Bedeutung, da selbst bei einem Material aus einer Komponente die Montage möglicherweise so erfolgt, dass eine Verklebung vorgenommen wird. In diesem Fall wird eine Trennung des Materials in seine Bestandteile ausgeschlossen. Für die aus der EPD zu entnehmenden Daten, wie den Primärenergiebedarf und die CO_2-Emissionen, ergibt sich die Herausforderung bei der Beantwortung der Kriterien, dass diese ohne Vorliegen einer EPD nur schwer zu beantworten sind. Dies war der Fall bei den Fliesen, da durch die fehlende EPD kein Referenzwert gegeben war. Um den Lebenszyklus ganzheitlich betrachten zu können, ist zudem eine Berücksichtigung des Nutzungsstadiums notwendig, da diese Phase durch eine nachhaltige und

effiziente Nutzung einen Ausgleich zu den Emissionen im Produktionsstadium schaffen kann. Es ergibt sich jedoch die Erkenntnis, dass für die ganzheitliche Betrachtung ein spezifischer Standort gewählt werden muss, um mit dem Transportweg zusammenhängende Emissionen zu untersuchen. Zudem sind die Emissionen für das Nutzungsstadium nicht in der EPD enthalten, da die tatsächliche Nutzungsintensität nicht bei der Herstellung des Produktes festgestellt werden kann. Hinsichtlich der Recyclingfähigkeit der Dämmung, die gemäß EPD nicht gewährleistet ist, zeigt sich die Besonderheit, dass das Material negativ bewertet wird, obwohl auch für das Standardmaterial eine Deponierung von 100 % angenommen wird. Dies ist darauf zurückzuführen, dass dieses Kriterium nicht mit einem Referenzwert verglichen wird, sondern unabhängig davon bewertet wird. Ein Vergleich zum Referenzmaterial würde zu einer neutralen Bewertung führen, da beide Materialien dieselben Eigenschaften erfüllen.

Ökonomie

Anschaffungskosten

Durch das Anfordern eines Angebots beim Hersteller und den Vergleich dieses Wertes mit den Erfahrungswerten des bereits standardisierten Materials bei Kaufland konnte das Kriterium der Investitionskosten beantwortet werden. Hierbei hat sich herausgestellt, dass alle alternativen Materialien aufgrund höherer Kosten für die Anschaffung negativ zu bewerten sind. Die Differenz der Preisunterschiede pro m^2 Material liegt dabei zwischen 5–17 €. Dabei bewegt sich keines der Materialien innerhalb der Toleranzgrenze von zehn Prozent. Die genauen Kosten für das Material, inklusive der Verlegung je m^2, können dem Anhang entnommen werden.

Lebenszykluskosten

Im Rahmen der Bewertung der Lebenszykluskosten wurde im ersten Schritt die Lebensdauer des neuen Materials mit der Lebensdauer des Referenzmaterials verglichen. Die voraussichtliche Nutzungsdauer konnte der EPD entnommen werden. Die Analyse ergibt, dass alle Materialien bis auf die Standarddämmung eine Referenz–Nutzungsdauer von 50 Jahren aufweisen. Die Standarddämmung, ebenfalls aus Glasfasern bestehend, weist trotz ähnlicher Produkteigenschaften eine Lebensdauer von 60 Jahren auf. Die Wartungs- und Instandhaltungskosten wurden aufgrund fehlender Angaben qualitativ abgeschätzt. Da die Fliesen die Anforderungen von Kaufland hinsichtlich der Fleckenbeständigkeit, Biegefestigkeit und Bruchfestigkeit übertreffen, wird eine positive Bewertung vorgenommen. Die Entsorgungskosten der jeweiligen Materialien sind in Abhängigkeit von der Verwertungs- bzw. Entsorgungsart zu bewerten. Bei Materialien mit hohem Baustoffanteil, der für die Deponie vorgesehen ist, ist mit Gebühren für die Entsorgung zu rechnen, die möglicherweise die Kosten für die Rückführung von Baustoffanteilen in den Kreislauf übersteigen. Aus diesem Grund wurden die Fliesen und Pflastersteine, die nach ihrer Nutzungsdauer einer gleichwertigen Verwertung in Form von Recycling oder einer sonstigen stofflichen Verwertung gemäß KrWG zugeführt werden, mit einer positiven Bewertung versehen. Im Gegensatz dazu erhält die Dämmung, die zur 100 %igen Deponierung vorgesehen ist, wie in Tab. 4.11 definiert, eine negative Bewertung [9].

Herausforderungen
Die Herausforderung in der Kategorie Ökonomie ergibt sich hauptsächlich bei der Bewertung der Lebenszykluskosten. Sie sind ausschlaggebend und entscheiden letztlich über die Wirtschaftlichkeit eines Materials. Aufgrund fehlender Daten vom Hersteller zu genauen Kosten für die Wartung bzw. Instandhaltung und die Entsorgung konnte die Bewertung nur qualitativ vorgenommen werden. Dabei können große Abweichungen vorkommen, sobald der Detaillierungsgrad bei der Betrachtung erhöht wird. Die Bedeutung der Lebenszykluskosten zeigt sich vor allem bei der Dämmung. Aufgrund eines geringeren Wertes für die Wärmeleitfähigkeit kann daraus geschlossen werden, dass weniger Wärme verloren geht [12]. Dementsprechend werden Energiekosten und Emissionen, die dafür anfallen eingespart. Im Vergleich zum Standardmaterial und über die komplette Lebensdauer des Materials betrachtet ist es möglich, dass es sich dadurch früher amortisiert als das Standardmaterial. Dadurch hat dies positiven Einfluss auf die Wirtschaftlichkeit, welche zu den Besonderheiten des Einzelhandels gemäß Abschn. 3.4 gehört.

Technische Kriterien

Eignung für zutreffende Beanspruchung
Die Bewertung der Materialien für dieses Kriterium ist in allen drei Fällen positiv ausgefallen, da sie für die Beanspruchungen im Einzelhandel zutreffend sind. Für die Beurteilung wurde das technische Datenblatt der zu analysierenden Materialien herangezogen und miteinander verglichen. Bei den Fliesen bieten die Anforderungen von Kaufland eine Orientierung für die Bewertung. Für die Bewertung der Dämmung ist primär auf die Brandschutzeigenschaft zu achten. Anschließend ist zu berücksichtigen, ob das Material den erhöhten Belastungen im Einzelhandel standhält. Das Standardmaterial wird dabei für die Pflastersteine und die Dämmung als Referenz genommen, da bei diesen aus Erfahrungswerten bekannt ist, dass sie für die anfallenden Belastungen geeignet sind und die in der KaBa geregelten Mindestanforderungen einhalten.

Herausforderungen
Bei der Bewertung der technischen Eignung des Materials für die Beanspruchungen im Einzelhandel ergibt sich zunächst die Herausforderung, die relevanten Eigenschaften für den Vergleich aus den technischen Datenblättern heranzuziehen. Aufgrund dessen, dass im Rahmen dieses Bewertungskonzeptes das Standardmaterial bzw. die Anforderungen der KaBa als Referenz für den Vergleich gewählt wurden, wird der Bewertungsvorgang vereinfacht. Wenn kein Referenzmaterial vorhanden ist, gilt es zu analysieren, welche Anforderungen im Einzelhandel gestellt werden und ob diese durch die Eigenschaften des Materials erfüllt werden.

Zertifizierungen und Standards

Die Frage, ob Umweltzertifikate für die betrachteten Materialien vorliegen, konnte ohne großen Aufwand durch die Webseiten und technischen Datenblätter der Hersteller beantwortet werden, da diese für Marketingzwecke genutzt werden. Die Fliese ist mit C2C GOLD [4], der Pflasterstein mit dem Blauen Engel [5] und die Dämmung sowohl mit dem Blauen Engel als auch mit dem DGNB Navigator [6] zertifiziert. Auch technische Datenblätter und EPDs sind auf den Webseiten der Hersteller bei den jeweiligen Produkten vorzufinden. Dies war in allen drei Praxisbeispielen der Fall. Aus diesem Grund konnte hierbei eine positive Bewertung vorgenommen werden. Anhand der technischen Datenblätter ist es möglich zu identifizieren, welche Bauvorschriften und Normen bei der Herstellung der Baumaterialien erfüllt werden. Bei den Fliesen handelt es sich hierbei um die DIN EN 14411 „Keramische Fliesen und Platten – Definitionen, Klassifizierung, Eigenschaften, Bewertung und Überprüfung der Leistungsbeständigkeit und Kennzeichnung" [10]. Die Einhaltung der Bauvorschriften wird durch die CE-Kennzeichnung geprüft. Analog gilt das Gleiche für die Dämmung. Abweichend ist hierbei nur die Norm, nach welcher das Produkt hergestellt wird. Das Brandverhalten A1 wird gemäß der DIN 13501 angegeben und die Wärmeleitfähigkeit gemäß der DIN EN 13162 [11]. Die Pflastersteine werden gemäß der DIN EN 1338 „Pflastersteine aus Beton – Anforderungen und Prüfverfahren" hergestellt. Geprüft und überwacht wird dies täglich durch die werkseigene Produktionskontrolle und durch den Güteschutz [5].

Herausforderungen

Bei der Bewertung der Zertifizierungen und Standards besteht die Herausforderung darin, die Labels und Zertifizierungen richtig einzuordnen und zu identifizieren, welche Ziele sie erfüllen und welche Anforderungen sie stellen. Als weitere Herausforderung gilt, in Erfahrung zu bringen, inwiefern und mit welchem Prüfverfahren überwacht wird, dass ein Produkt die Bauvorschriften einhält. Durch direkte Kontaktaufnahme mit dem Hersteller konnte diese Frage beantwortet und entsprechend bewertet werden.

Ökologie statt Ökonomie

Die Ausgrenzung der Kategorie Ökonomie und die Verlagerung ihrer Gewichtung in Höhe von 20 % auf die Kriterien der Rohstoffquelle, sodass der Recyclinganteil mit 20 % statt mit zehn gewichtet wird und sowohl die Schadstofffreiheit als auch die Materialeinsparung jeweils mit zehn Prozent statt mit fünf gewichtet werden, zeigt den Einfluss der Ökonomie auf die Bewertung. Somit erhält die Kategorie Ökologie eine Gewichtung von 60 %. Dies kommt auch dem Verhältnis der DGNB Gewichtung, wie in Abschn. 3.2.1 beschrieben, von 91 % für die Ökologie und der deutlich geringeren Gewichtung der Ökonomie in Höhe von 52,2 % deutlich näher. Für die Fliesen bedeutet diese Veränderung eine Verbesserung des Ergebnisses von 65 Punkten auf 80 Punkte. Die Pflastersteine erhalten auch 20 Punkte mehr und erreichen statt 65 Punkten 85 Punkte. Für die Dämmung ist auch mit 20 Punkten mehr zu rechnen, sodass anstelle von 35

Tab. 5.3 Ergebnisse Bewertungskonzept ohne die Kategorie Ökonomie

Kategorie	Fliesen	Pflastersteine	Dämmung	Max. erreichbare Punktzahl
Einzelhandel	15	10	0	15
Ökologie	40	50	30	60
Ökonomie	0	0	0	0
Technische Kriterien	15	15	15	15
Zertifizierungen und Standards	10	10	10	10
Ergebnis	80	85	55	100

Punkten 55 Punkte erreicht werden können. Die ausführliche Bewertung dazu kann dem Anhang 7.2, 7.5 und 7.8 entnommen werden (Tab. 5.3).

Die Ausgrenzung der ökonomischen Dimension zeigt, dass dadurch eine deutliche Verbesserung der Ergebnisse erreicht wird. Zudem wird deutlich, dass diese Kategorie ebenfalls eine hohe Relevanz bei der Bewertung der Nachhaltigkeit von Baumaterialien hat. Ihre Gewichtung kann zudem erhöht werden, sobald eine genauere Aussage über die Lebenszykluskosten des Materials getätigt werden kann.

5.3 Potenziale und Herausforderungen

Durch die Auseinandersetzung mit dem aktuellen Stand der Technik und der Forschung und der anschließenden Entwicklung eines Bewertungskonzeptes zur Bewertung von Materialien auf ihre Nachhaltigkeit, im Zusammenhang mit der Eignung für Einzelhandelsimmobilien, haben sich sowohl Chancen als auch Herausforderungen für nachhaltiges und kreislaufgerechtes Bauen herausgestellt. Zunächst werden die Potenziale in Zusammenhang und anschließend im Allgemeinen hinsichtlich des nachhaltigen Bauens von Einzelhandelsimmobilien aufgezeigt. Analog dazu erfolgt die Darstellung der Herausforderungen.

Potenziale

Bewertungskonzept

Das entwickelte Bewertungskonzept schafft Potenziale für nachhaltiges und kreislaufgerechtes Bauen von Einzelhandelsimmobilien, indem es eine erste Beurteilung des Materials bietet. Es beantwortet grundlegende Fragestellungen über seine Eignung und Nachhaltigkeit, um anschließend möglicherweise weitere Untersuchungen und Bewertungen einzuleiten. Zudem zeigt es Differenzen zwischen den betrachteten Materialien auf. Das Bewertungskonzept bietet die Chance auf eine Anpassung dessen an spezifische Bedürfnisse, indem zielgerichtete Kriterien integriert werden und die

Gewichtung entsprechend angepasst wird. Somit ermöglicht es eine Flexibilität und Skalierbarkeit je nach Belieben und Gegebenheiten für verschiedene Projekte, Standorte und Materialien. Auch die Priorisierung der Unternehmensziele kann flexibel integriert und gewichtet werden, um so die Zielgenauigkeit der Bewertung zu erhöhen. Durch eine tiefgehende Analyse der Materialien und deren Eigenschaften kann das Bewertungskonzept als detaillierte Entscheidungsgrundlage für den vorgesehenen Zweck, nachhaltige Materialien zu identifizieren, genutzt werden.

Allgemein
Anhand der bewerteten Materialien und der Bewertungskriterien können auch übergreifend Potenziale für nachhaltiges und kreislaufgerechtes Bauen von Einzelhandelsimmobilien hervorgehoben werden. Durch den Einsatz von nachhaltigen Materialien kann zur Verbesserung des Images und der Marktposition eines Unternehmens beigetragen werden. Dadurch werden Kunden an das Unternehmen gebunden und Wettbewerbsvorteile gegenüber anderen Einzelhandelsunternehmen geschaffen. Insgesamt und auch anhand der Praxisbeispiele wird deutlich, dass ein hoher Recyclinganteil in den Materialien und die Rückführung der Baumaterialien und ihrer Bestandteile in den Kreislauf zur Förderung der Kreislaufwirtschaft und zur Ressourcenschonung beitragen. Neben dem Recyclinganteil der Materialien führt auch die Entwicklung von Materialien mit geringerer Masse als konventionelle Materialien zur Einsparung fossiler Rohstoffe und zur Reduzierung des Materialverbrauchs. Trotz des erhöhten Recyclinganteils in den Baumaterialien wird von einer gleichen Lebensdauer des Materials ausgegangen. Zudem verfügen Recycling-Materialien teilweise sogar über bessere technische Eigenschaften als herkömmliche Baumaterialien. Auf diese Weise kann der Kritik an nachhaltigen Materialien, sie seien nicht für dieselben Beanspruchungen geeignet und hätten eine geringere Lebensdauer, entgegengewirkt werden. Zum Teil weisen nachhaltige Materialien einen geringeren ökologischen Fußabdruck im Vergleich zu konventionellen Materialien auf und haben eine verbesserte Klimabilanz, dank eines geringeren Energieaufwandes in der Herstellung. Für eine genauere Aussage sind die Untersuchung weiterer Materialien und die genauere Betrachtung der Emissionen über den kompletten Lebenszyklus eines Produktes notwendig. Ein weiterer Vorteil, der sich aus nachhaltigen Baumaterialien ergibt, ist, dass sie zum Schutz der Gesundheit beitragen und eine Gefährdung dieser aufgrund ihrer Schadstofffreiheit ausschließen.

Herausforderungen

Bewertungskonzept
Eine Herausforderung, die sich grundlegend bei der Anwendung des Bewertungskonzeptes ergibt, ist, dass eine Bewertung in manchen Fällen aufgrund der Datenverfügbarkeit und -qualität zu den Baumaterialien nur bedingt möglich ist. Durch fehlende Daten wie technische Datenblätter, EPDs und Herstellerinformationen ist eine belastbare Bewertung nur eingeschränkt möglich. Das Bewertungskonzept stellt mögliche Herausforderungen dar,

indem es in manchen Bereichen noch zu allgemein definiert ist. Dies betrifft beispielsweise die Wartungsfreundlichkeit, die Eignung für die zutreffende Belastung und die Kriterien, die nur qualitativ zu bewerten sind. Des Weiteren erschwert die subjektive Gewichtung der einzelnen Bewertungskategorien zum einen die Vergleichbarkeit des Ergebnisses mit anderen allgemeinen Bewertungssystemen. Zum anderen beeinflusst eine Anpassung der Gewichtung das Ergebnis der Bewertung sehr stark. Eine weitere Herausforderung des Bewertungskonzeptes ist, dass ein Material eine gewisse Punktzahl erreichen kann, indem nur Kriterien ausgefüllt werden, die den Nachhaltigkeitsaspekt nicht enthalten. Dazu zählen bspw. die Eignung des Materials oder die Kriterien aus der Kategorie des Einzelhandels. Durch das Festlegen von Pflicht-Kriterien, die ausgefüllt werden müssen, kann dem nur bedingt entgegengewirkt werden. Hinsichtlich der Bewertung der Wirtschaftlichkeit und ökonomischen Kategorie eines Baumaterials kann nur bedingt eine belastbare Bewertung vorgenommen werden, da die Kriterien auf qualitativer Basis definiert sind und Abweichungen zu den tatsächlichen quantitativen Werten dieser Kriterien aufweisen können.

Allgemein

Als Herausforderung hinsichtlich nachhaltigem und kreislaufgerechtem Bauen von Einzelhandelsimmobilien wird im allgemeinen Kontext deutlich, dass die Nachhaltigkeit unterschiedlich gehandhabt wird. Die Hersteller von Baumaterialien haben oft unterschiedliche Auffassungen der Begrifflichkeit. Dies zeigt sich zum einen aus den Forschungsergebnissen von *Amelunxen,* die in Abschn. 3.3 beschrieben wurden. Zum anderen wird dies ebenfalls in der Kommunikation mit den Herstellern und den Angaben auf ihren Webseiten deutlich. Obwohl häufig mit Umweltzertifikaten geworben wird, ist dennoch eine richtige Einordnung der Zertifizierung notwendig, um eine ordnungsgemäße Bewertung vornehmen zu können. Eine weitere Herausforderung, die damit zusammenhängt, wird auch bei der unterschiedlichen Handhabung des Begriffes Recycling deutlich. Häufig stammt der angegebene Recyclinganteil nicht aus Stoffen, die am Ende ihres Lebenszyklus in den Kreislauf zurückgeführt werden. Stattdessen wird auch die Verwertung von Restmengen, Verschnitten oder Fehlproduktionen aus der Herstellungsphase angegeben. Hinsichtlich Recycling der Materialien am Ende ihres Lebenszyklus ergibt sich die Herausforderung, dass Recycling bereits zu Beginn des Lebenszyklus als ausgeschlossen gilt, da bspw. keine geeigneten Sammelstellen vorhanden sind. Dies erwies sich bei der Glasfaserdämmung als Hindernis für die Rückführung des Baumaterials in den Kreislauf, um dadurch die Kreislaufwirtschaft zu fördern. Die ausgewählten Praxisbeispiele zeigen, dass häufig bei nachhaltigen Materialien mit höheren Investitionskosten als bei konventionellen zu rechnen ist. Es besteht die Vermutung, dass diese höheren Investitionskosten auf höhere Herstellungskosten und eine aufwendigere Verarbeitung während der Produktion zurückzuführen sind. Die Forschungsergebnisse von *Amelunxen* zeigen ebenfalls, dass ein finanzieller Mehraufwand aufgrund von bspw. Weiterbildungen oder neuen Geräten als Herausforderung für die Umsetzung von nachhaltigem Bauen gesehen wird.

Eine weitere Herausforderung bei der Standardisierung von nachhaltigen Baumaterialien ergibt sich durch fehlende Zulassungen. Dies ist mit zusätzlichem Aufwand verbunden, damit die Materialien verbaut werden dürfen, da in diesen Fällen eine Zulassung im Einzelfall erforderlich ist. Um die Nachhaltigkeit auch hinsichtlich der Regionalität zu bewerten und die damit entstehenden Emissionen zu erfassen, die auf den gesamten Lebenszyklus einzahlen, ist es erforderlich, die Baumaterialien immer in Bezug auf ihren Einsatzort zu bewerten. Größere Entfernungen bedeuten höhere Emissionen und Kosten für den Lebenszyklus eines Materials.

5.4 Handlungsempfehlung

Die ausgearbeiteten Herausforderungen zu den Kriterien des Bewertungssystems und übergreifend für die allgemeine Betrachtung zeigen, an welchen Stellen es Optimierungsmöglichkeiten gibt und das Konzept Anpassungen bedarf.

Bei der Anwendung wurde ersichtlich, dass diese häufig bei der Einordnung der relevanten Materialeigenschaften erschwert wurde. Hier ist zu empfehlen, manche Kriterien weiter aufzuschlüsseln, um so zum einen den Detaillierungsgrad zu erhöhen. Zum anderen ist es möglich, durch die Anordnung dieser einzelnen Kriterien in Abhängigkeit von den verschiedenen Materialarten, eine individuelle Bewertung je nach Materialart vorzunehmen. Z. B. werden Eigenschaften, die nur für die Bewertung von Dämmungen relevant sind, gesondert aufgegliedert als Kriterien, die für die Bewertung von Fliesen erforderlich sind. Um ein belastbares Ergebnis zu erhalten, das Auskunft über die Nachhaltigkeit eines Materials gibt, ist zu empfehlen, Kriterien, die Aspekte zur Bewertung der Nachhaltigkeit beinhalten, wie diese aus der Kategorie Ökologie, als Pflichtkriterien zu definieren. So kann gewährleistet werden, dass diese immer bewertet werden und ein Bezug zur Nachhaltigkeit hergestellt ist. Bei einer weiteren Aufgliederung der Kriterien empfiehlt es sich, auch die Bewertungsskala kleingliedriger als das bisherige Verfahren mit „1", „0" und „−1" zu gestalten und mit einer geraden Anzahl an Bewertungsstufen auszubauen. Dadurch lässt sich die Detaillierung der Bewertung erhöhen und eine neutrale Bewertung vermeiden. Eine Möglichkeit hierfür ist die Erweiterung der Skala von „−3" bis „+3", ohne eine neutrale Zwischenbewertung mit dem Wert „0". Dementsprechend ist es auch nötig, im Zuge dessen, die Bedeutung der möglichen Ergebnisse anzupassen und diese gegebenenfalls in mehrere Stufen als nur drei zu unterteilen. So kann ein positives Ergebnis in mehr als nur zwei Kategorien, rot und gelb, gestuft werden und wird im Anschluss in Abhängigkeit vom Ergebnis unterschiedlich gehandhabt. Hier ist es notwendig auch eine Anpassung für die Farbgebung vorzunehmen. Bezüglich der Lebenszykluskosten sind weitere Informationen heranzuziehen, um eine quantitative Bewertung anhand von belastbaren Zahlenwerten durchzuführen. So kann die Aussagekraft für die Wirtschaftlichkeit eines Baumaterials erhöht werden, da sie dann auf einer fundierten Datengrundlage basiert und nicht auf qualitativen Einschätzungen, die unterschiedlich starke Auswirkungen auf die Lebenszykluskosten haben können.

Literatur

1. Kaufland Stiftung & Co. KG. Intranet Kaufland Connect, aktuelle Marktanzahl, Heilbronn, Stand 17.08.2024, interne Quelle.
2. Kaufland Dienstleistung GmbH & Co. KG. https://unternehmen.kaufland.de/nachhaltigkeit/unsere-nachhaltigkeitsmassnahmen.html, 27.08.2024.
3. Kaufland Stiftung & Co. KG. Kaufland Baubeschreibung 2024 für Deutschland (Neubau und Modernisierung), Heilbronn, 2024, interne Quelle.
4. Mosa. https://www.mosa.com/de-de/produkte/fliesen/238V6060, 28.08.2024.
5. braun-steine GmbH. https://www.braun-steine.de/produkte/haus-und-garten/redotto-rc-steine, 28.08.2024.
6. Knauf Insulation . Technisches Produktdatenblatt, Mineral Plus KP 034, Mai 2021.
7. Ecochain Technologies B:V. Umweltproduktdeklaration, Mosa Floor Tiles, S-P-00915, Juni 2021.
8. Institut Bauen und Umwelt e. V. Umweltproduktdeklaration, Betonpflasterstein REDOTTO-RC mit über 40% Recyclinganteil, EPD-BRS-20220171-CBC1-DE, Juli 2022.
9. EPD International AB. Umweltproduktdeklaration, Mineral Plus, Mineral Wool Products, Knauf Insulation, S-P-04569, September 2007.
10. Mosa. Technisches Produktdatenblatt Feinsteinzeugfliesen, unglasiert V2018-01, online abrufbar auf www.mosa.com, 28.08.2024.
11. Godelmann. Technisches Produktdatenblatt, H-Beton gefast 20x16,5x8, Pflasterstein aus Beton nach DIN EN 1338, Stand 01.08.2008.
12. Knauf Digital GmbH. https://knauf.com/de-DE/p/produkt/mineral-plus-kp-034-24582_4314#technical-data, 28.08.2024.

Schlussbetrachtung 6

6.1 Zusammenfassung

Zu Beginn der Arbeit wurden im Rahmen der Zielsetzung fünf Kriterien formuliert, die die Anforderungen an das Bewertungskonzept darstellen und durch dieses zu erfüllen sind:

- Anforderungen an Einzelhandelsimmobilien
- Flexible Anwendung
- Anpassungsfähigkeit
- Einhaltung von Gesetzen und Vorgaben
- Gleichwertigkeit

Mithilfe der Anwendung des Bewertungskonzeptes im Praxiszusammenhang lassen sich die Anwendbarkeit des Konzeptes und die Erfüllung der Anforderungen beurteilen. Dies erfolgt im nachfolgenden Textabschnitt.

Anforderungen an Einzelhandelsimmobilien: Das Bewertungskonzept enthält die Anforderungen an Einzelhandelsimmobilien insofern, dass die grundlegenden Besonderheiten des Einzelhandels überwiegend als einzelne Kriterien erfasst sind. Besonderheiten, die eine Einschränkung des Konzeptes auf ein bestimmtes Projekt bedeuten würden, wie Standortfaktoren, können im Zuge einer projektspezifischen Erweiterung des Konzeptes aufgenommen werden. Durch Kriterien, die die erhöhten Beanspruchungen oder gesetzlichen Vorgaben des Einzelhandels berücksichtigen, wird zusätzlich auf die Anforderungen von Einzelhandelsimmobilien eingegangen. Zudem wird die Erfüllung der Anforderungen erreicht, indem bei 57 % der Kriterien das bereits standardisierte, konventionelle Material als Referenzwert genommen wird, um die Eigenschaften zu bewerten.

E. Sakris, *Chancen und Herausforderungen für nachhaltiges und kreislaufgerechtes Bauen von Einzelhandelsimmobilien,* Entwicklung neuer Ansätze zum nachhaltigen Planen und Bauen, https://doi.org/10.1007/978-3-658-47954-1_6

Flexible Anwendung: Das Konzept soll hinsichtlich der Materialarten, die untersucht werden, flexibel auf verschiedene Arten von Baumaterialien anwendbar sein. Durch die übergreifende Zusammenfassung von Kriterien, wie die technischen Kriterien, wird das Konzept nicht zu spezifisch für eine Gruppe von Materialien. Dennoch wird die Möglichkeit für eine produktspezifische Untergliederung offengehalten. Die Anwendung auf drei verschiedene Materialien weist nach, dass das Bewertungskonzept flexibel auf unterschiedliche Materialgruppen anwendbar ist.

Anpassungsfähigkeit: Durch die Anwendung des Konzeptes im Praxiszusammenhang wurde durch die Ausgrenzung der ökonomischen Dimension und die Verlagerung ihrer Gewichtung auf die ökologischen Kriterien die Anpassungsfähigkeit des Konzeptes deutlich. Des Weiteren bietet es die Möglichkeiten, eine Erweiterung um weitere Kriterien und Kategorien vorzunehmen. Dabei ist eine neue Gewichtung in Abhängigkeit von der Relevanz der Kriterien festzulegen.

Einhaltung von Gesetzen und Vorgaben: Diese Anforderung ist von großer Bedeutung und wird durch die Kriterien aus der Bewertungskategorie des Konzeptes „Zertifizierungen und Standards" erreicht. Für jedes untersuchte Material ist anhand dieses Kriteriums zu prüfen, ob es die vorgesehenen Bauvorschriften erfüllt, und zudem durch eine Zertifizierungsstelle geprüft wird.

Gleichwertigkeit: Als weitere Anforderung an das Bewertungskonzept wurde die Beurteilung der Gleichwertigkeit des Baumaterials in technischer Hinsicht gestellt. Die Definition dieses Kriteriums als K.O.-Kriterium soll die erhöhte Relevanz darstellen und verursacht bei einem Nichterfüllen der Eignung für die vorgesehene Beanspruchung eine gesamte, negative Bewertung des Baumaterials. Auf diesem Weg entfällt es für die weitere Betrachtung.

6.2 Beantwortung der Forschungsfrage

Die übergeordnete Forschungsfrage, wie ein Bewertungskonzept als Entscheidungshilfe für nachhaltige Baumaterialien entwickelt werden kann, lässt sich durch eine Zusammenfassung der vertiefenden Aspekte, die zu Beginn definiert wurden, beantworten.

Im Zuge von Kap. 3 werden bestehende Methoden und Besonderheiten des Einzelhandels im Rahmen des Standes der Technik und der Forschung ausführlich beschrieben und analysiert. Dadurch wird die Grundlage zur Identifikation und Entwicklung der relevanten Bewertungskriterien geschaffen. Für die Auswahl der Kriterien und Definition der Kategorien wird sich zum einen an den drei Säulen der Nachhaltigkeit und zum anderen an den Zertifizierungssystemen DGNB, Cradle to Cradle Certified und LEED orientiert. Erweitert wird der Kenntnisstand um die Besonderheiten des Einzelhandels. Dabei heben sich aus der Dissertation von *Etzel* und praktischer Erfahrung die Wirtschaftlichkeit, die Amortisation, das einheitliche Erscheinungsbild, die Außenwirksamkeit und die Standortfaktoren hervor. Die Kategorien, die für das Bewertungskonzept festgelegt und gewichtet werden, die sowohl Methodiken der Zertifizierungssysteme und Veröffentlichungen als auch die Besonderheiten des Einzelhandels beinhalten, sind folgende:

- Einzelhandel
- Ökologie
- Ökonomie
- Technik
- Zertifizierungen und Standards.

Somit wurde die erste Teilfrage aus Abschn. 1.2 beantwortet.

Im weiteren Verlauf der vorliegenden Arbeit wird das Bewertungskonzept auf Grundlage der gewonnenen Erkenntnisse entwickelt und beispielhaft im Praxiszusammenhang angewendet. Daraus ergeben sich Herausforderungen und Potenziale für das nachhaltige und kreislaufgerechte Bauen von Einzelhandelsimmobilien. Potenziale zeigen sich darin, dass durch die Förderung von nachhaltigem Bauen, Wettbewerbsvorteile generiert werden können. Des Weiteren kann durch einen erhöhten Anteil von Recyclingmaterialien und durch die Einsparung von Material durch eine geringere Masse, zur Förderung der Kreislaufwirtschaft und zur Ressourcenschonung beigetragen werden. Außerdem kann anhand der Fallstudien bestätigt werden, dass nachhaltige Materialien gleiche bis bessere Materialeigenschaften und eine ähnliche Lebensdauer aufweisen. Zudem wird durch nachhaltige Materialien aufgrund ihrer Schadstofffreiheit eine Gefährdung der menschlichen Gesundheit verhindert. Die Thematik weist auch manche Herausforderungen auf. Zum einen geht hervor, dass Hersteller unterschiedlichen Auffassungen des Begriffes Nachhaltigkeit nachgehen und diese richtig einzuordnen sind. Dies gilt auch für Umweltzertifikate und Labels. Zum anderen wird ersichtlich, dass am Ende eines Lebenszyklus Recycling aufgrund fehlender Technologien oder Sammelstellen ausgeschlossen wird. Eine weitere Herausforderung besteht darin, dass meist mit höheren Investitionskosten zu rechnen ist, diese jedoch durch geringere Lebenszykluskosten möglicherweise ausgeglichen werden können. Zuletzt stellen fehlende Zulassungen für den Einbau von Baumaterialien eine weitere Herausforderung dar. Durch das Abschn. 5.3 wird schließlich eine Antwort auf die zweite Teilfrage aus Abschn. 1.2 gegeben.

Zuletzt werden Handlungsempfehlungen und Optimierungspotenziale ausgearbeitet, die den Herausforderungen bei der Anwendung des Bewertungskonzeptes, wie in Abschn. 5.2 ausgearbeitet, entgegenwirken. Zum einen ist die Erhöhung des Detaillierungsgrades durch Aufschlüsselung von Kriterien notwendig. Dabei sind materialspezifische Eigenschaften einander zuzuordnen. Zum anderen ist das Festlegen von Pflichtkriterien, die für die Bewertung der Nachhaltigkeit bedeutend sind, zu empfehlen. Eine feinere Skalierung der Bewertung und das Festlegen einer ungeraden Anzahl an Optionen, kann zur Optimierung des Bewertungsverfahrens beitragen. Daraus ergibt sich die Anpassung der Definition von möglichen Ergebnissen in mehrere Stufen und die zugehörige Farbgebung. Die Belastbarkeit der Wirtschaftlichkeit kann erhöht werden, indem quantitative Zahlenwerte herangezogen und miteinander verglichen werden. Damit wird die dritte Teilfrage aus Abschn. 1.2 beantwortet.

Die Bachelorarbeit bietet eine wertvolle Grundlage, um beim Einsatz von nachhaltigen und kreislaufgerechten Baumaterialien zu unterstützen. Auf dieser Basis können weitere Forschungen durchgeführt werden, die im folgenden Kapitel aufgeführt werden.

6.3 Ausblick

Im Rahmen der Abgrenzung in Abschn. 1.4 wurde beschrieben, auf welche Themenfelder sich die vorliegende Arbeit beschränkt. Dabei wird besonders auf die ökologische und ökonomische Dimensionen unter Berücksichtigung von technischen Kriterien und Besonderheiten von Einzelhandelsimmobilien eingegangen. Im Zuge der Handlungsempfehlung wurden bereits Optimierungspotenziale für das entwickelte Bewertungskonzept dargestellt. Im folgenden Kapitel werden zusätzliche Erweiterungsmöglichkeiten aufgezeigt.

Da zu Beginn die **technische Gebäudeausstattung** und **Einrichtung** einer Einzelhandelsimmobilie ausgegrenzt wurden, sind für diese Anwendungsbereiche weitere Untersuchungen zu tätigen, um das entwickelte Bewertungskonzept in diesem Bereich zu erweitern. Dabei kann das Vorgehen wie für die bisher betrachteten Baumaterialien übernommen werden. Es sind für diese Bereiche relevante Kriterien zu analysieren und zu definieren. Dabei können Inhalte weiterer, für diese Bereiche relevanter Zertifizierungssysteme als Orientierung dienen und modifiziert übernommen werden.

Grundsätzlich gilt, dass neue Erkenntnisse und **Aktualisierungen der Rechtsvorschriften** in das Bewertungskonzept in Form von Kriterien, die diese darstellen zu integrieren sind. Dies bezieht sich zudem auf unternehmensinterne Entwicklungen und Tools, die Erweiterungsmöglichkeiten bieten und als einzelne Kriterien im Bewertungskonzept aufgenommen werden können. Zur Erhöhung des Detaillierungsgrades des Bewertungskonzeptes ist die **Anwendung auf weitere Materialien** notwendig. Das methodische Vorgehen der Bachelorarbeit kann dabei angewendet werden, indem weitere Fallstudien durchgeführt werden und die Erkenntnisse daraus als Erweiterungen für das Konzept erfasst werden.

Im Zuge dessen ist eine vertiefende Betrachtung der **Lebenszykluskosten** durchzuführen, sodass über die Investitions-, Herstellungs- und Entsorgungskosten hinaus, ebenfalls eine Bewertung der **Instandhaltungs- und Energiekosten** erfolgt. Hier besteht weiterer Forschungsbedarf, der zu quantitativen Kosten über die einzelnen Phasen des Lebenszyklus führt, die miteinander verglichen werden, um eine belastbare Bewertung vorzunehmen. Darüber hinaus sind **externe Lebenszykluskosten** zu betrachten. Eine ähnliche Erweiterung bietet sich im Rahmen der **ökologischen Dimension,** insbesondere hinsichtlich des **Nutzungsstadiums** und einer **standortbezogenen Betrachtung,** an. Die Berücksichtigung der ökologischen Belastungen ist über den Primärenergiebedarf und die CO_2-Emissionen hinaus auf weitere Angaben, die in der EPD der Materialien erfasst werden, zu erweitern. Dies betrifft zudem das **Modul D** bezüglich der Gutschriften und Lasten für das Recyclingpotenzial außerhalb der Systemgrenze. Für das Einbeziehen des Transportweges und der damit in Zusammenhang stehenden Emissionen und Kosten ist es notwendig, potenzielle Materialien vor ihrem Einsatz hinsichtlich ihres tatsächlichen Einsatzortes zu bewerten. Dafür ist es notwendig, Berechnungen durchzuführen, um quantitative Werte zu erhalten, die anschließend miteinander verglichen werden. So können Ergebnisse entstehen, die einen nachhaltigen Einsatz von Materialien nur in bestimmten Umgebungen gewährleisten und die Regionalität fördern.

Da die **soziokulturellen und prozessorientierten Dimensionen** nicht Gegenstand dieser Arbeit sind, sie jedoch in den betrachteten Zertifizierungssystemen von Relevanz sind, gilt, dass das Bewertungssystem einer Erweiterung dieser Kategorien zu unterziehen ist. Hierfür ist es notwendig, relevante Kriterien zu erfassen, die zum einen den Bedürfnissen der Kunden und der Gesellschaft gerecht werden und zum anderen die Anwendung des Bewertungskonzeptes zu anderen Zeitpunkten ermöglichen. Des Weiteren ist vor dem Einsatz der Materialien eine projektbezogene Bewertung notwendig, um Standortfaktoren wie bestimmte Vertragsverhältnisse und die Transportentfernungen der Materialien zu berücksichtigen. Zudem gilt es, den Einsatz eines Materials unter dem Aspekt eines Umbaus oder einer Modernisierung zu bewerten, da Umbaumaßnahmen aufgrund der in Abschn. 2.4 aufgezeigten Fläche, riesiges Potenzial bergen. In jedem Fall einer Ergänzung ist eine sinnvolle Anpassung der Gewichtung der Kategorien und einzelnen Kriterien notwendig, um den Durchsatz des Bewertungskonzeptes zu erhöhen.

Das Thema der Bachelorarbeit bietet ein erhebliches Forschungspotenzial für die Zukunft. Eine Ausweitung der Forschung und Entwicklung kann dazu beitragen, die ausgearbeiteten Herausforderungen des nachhaltigen und kreislaufgerechten Bauens zu bewältigen und durch den Einsatz von nachhaltigen Baumaterialien einen Beitrag zur Förderung der Kreislaufwirtschaft zu leisten.

7 Anhang

E. Sakris, *Chancen und Herausforderungen für nachhaltiges und kreislaufgerechtes Bauen von Einzelhandelsimmobilien,* Entwicklung neuer Ansätze zum nachhaltigen Planen und Bauen, https://doi.org/10.1007/978-3-658-47954-1_7

7.1 Ergebnis Bewertungskonzept Fliesen

Haupt-kategorie	Einzelkriterium	Gewichtung	Bewertung 1; 0; -1	Ergebnis
Einzelhandel 15%	**Attraktivität**	**10**		**10**
	Außenwirksamkeit und Marketing	10	1	10
	Funktionalität und Nutzbarkeit	**5**		**5**
	Wartungsfreundlichkeit	5	1	5
Ökologie 40%	**Rohstoffquelle**	**20**		**20**
	Recyclinganteil	10	1	10
	Schadstofffreiheit	5	1	5
	Materialeinsparung durch geringere Masse	5	1	5
	Lebenszyklus	**20**		**0**
	Primärenergiebedarf Produktionsstadium	2,5	0	0
	Primärenergiebedarf Entsorgungsstadium	2,5	0	0
	CO - Fußabdruck Produktionsstadium	2,5	0	0
	CO - Fußabdruck Entsorgungsstadium	2,5	0	0
	Trennbarkeit	5	-1	-5
	Recyclingfähigkeit/ Wiederverwertbarkeit	5	1	5
Ökonomie 20%	**Anschaffungskosten**	**5**		**-5**
	Investitionskosten	5	-1	-5
	Lebenszykluskosten	**15**		**10**
	Lebensdauer	5	0	0
	Wartungs- und Instandhaltungskosten	5	1	5
	Rückbau-/ Entsorgungskosten	5	1	5
Teschnische Kriterien 15%	**Technische Leistungsfähigkeit**	**15**		15
	Eignung für zutreffende Beanspruchung	15	1	15
Zertifizierung und Standards 10%	Umweltzertifikate	2	1	2
	Einhaltung Bauvorschriften	4	1	4
	Zulassungen und Prüfzeugnisse	2	1	2
	EPD	2	1	2
	Summe Prozent:	**100**	**Score:**	**65**

7.2 Ergebnis Bewertung Ökologie statt Ökonomie Fliesen

Hauptkategorie	Einzelkriterium	Gewichtung	Bewertung 1; 0; -1	Ergebnis
Einzelhandel 15%	**Attraktivität**	**10**		**10**
	Außenwirksamkeit und Marketing	10	1	10
	Funktionalität und Nutzbarkeit	**5**		**5**
	Wartungsfreundlichkeit	5	1	5
Ökologie 40%	**Rohstoffquelle**	**40**		**40**
	Recyclinganteil	20	1	20
	Schadstofffreiheit	10	1	10
	Materialeinsparung durch geringere Masse	10	1	10
	Lebenszyklus	**20**		**0**
	Primärenergiebedarf Produktionsstadium	2,5	0	0
	Primärenergiebedarf Entsorgungsstadium	2,5	0	0
	CO - Fußabdruck Produktionsstadium	2,5	0	0
	CO - Fußabdruck Entsorgungsstadium	2,5	0	0
	Trennbarkeit	5	-1	-5
	Recyclingfähigkeit/ Wiederverwertbarkeit	5	1	5
Ökonomie 20%	**Anschaffungskosten**	**0**		**0**
	Investitionskosten	0	-1	0
	Lebenszykluskosten	**0**		**0**
	Lebensdauer	0	0	0
	Wartungs- und Instandhaltungskosten	0	1	0
	Rückbau-/ Entsorgungskosten	0	1	0
Technische Kriterien 15%	**Technische Leistungsfähigkeit**	**15**		15
	Eignung für zutreffende Beanspruchung	15	1	15
Zertifizierung und Standards 10%	Umweltzertifikate	2	1	2
	Einhaltung Bauvorschriften	4	1	4
	Zulassungen und Prüfzeugnisse	2	1	2
	EPD	2	1	2
	Summe Prozent:	**100**	**Score:**	**80**

7.3 Gegenüberstellung Eigenschaften Fliesen

	Anforderungswert Kaufland	Standardmaterial Fliesen	Potenzialmaterial Fliesen
Abmessungen	/	30x30cm	30x60 cm
Dicke	/	14,2mm	12 mm
Recyclinganteil	/	0	45%
Recyclingfähigkeit	/		70% Zerkleinerung; 30% Deponie
Kosten Material inkl Verlegung /m²	/	58 €	75 €
CO_2-Äq. Herstellung [kg CO_2-Äq./m²]	/	k.A.	10,11
CO_2-Äq. Entsorgung [kg CO_2-Äq.]	/	k.A.	0,31
Primärenergiebedarf Produktionsstadium [MJ]	/	k.A.	203,18
Primärenergiebedarf Entsorgungsstadium [MJ]	/	k.A.	2,79
Zertifizierung	/		Cradle to Cradle Gold
Lebensdauer	/	50 Jahre	50 Jahre
Bauvorschrift	/		DIN 14411
Zulassung	/		CE-Kennzeichen
Fleckenbeständigkeit/ Reinigung	>/= Klasse 5	>/= Klasse 5	>/= Klasse 5
Biegefestigkeit	>35 N/mm	50 N/mm²	45 N/mm²
Rutschhemmung	R9, R10	R9, R10	R10
Bruchkraft	>5000 N	6212 N	5230 N

Anforderungen von KL

7.4 Ergebnis Bewertungskonzept Pflastersteine

Haupt-kategorie	Einzelkriterium	Gewichtung	Bewertung 1; 0; -1	Ergebnis
Einzelhandel 15%	**Attraktivität**	**10**		**10**
	Außenwirksamkeit und Marketing	10	1	10
	Funktionalität und Nutzbarkeit	**5**		**0**
	Wartungsfreundlichkeit	5	0	0
Ökologie 40%	**Rohstoffquelle**	**20**		**20**
	Recyclinganteil	10	1	10
	Schadstofffreiheit	5	1	5
	Materialeinsparung durch geringere Masse	5	1	5
	Lebenszyklus	**20**		**10**
	Primärenergiebedarf Produktionsstadium	2,5	1	2,5
	Primärenergiebedarf Entsorgungsstadium	2,5	1	2,5
	CO - Fußabdruck Produktionsstadium	2,5	1	2,5
	CO - Fußabdruck Entsorgungsstadium	2,5	1	2,5
	Trennbarkeit	5	-1	-5
	Recyclingfähigkeit/ Wiederverwertbarkeit	5	1	5
Ökonomie 20%	**Anschaffungskosten**	**5**		**-5**
	Investitionskosten	5	-1	-5
	Lebenszykluskosten	**15**		**5**
	Lebensdauer	5	0	0
	Wartungs- und Instandhaltungskosten	5	0	0
	Rückbau-/ Entsorgungskosten	5	1	5
Technische Kriterien 15%	**Technische Leistungsfähigkeit**	**15**		15
	Eignung für zutreffende Beanspruchung	15	1	15
Zertifizierung und Standards 10%	Umweltzertifikate	2	1	2
	Einhaltung Bauvorschriften	4	1	4
	Zulassungen und Prüfzeugnisse	2	1	2
	EPD	2	1	2
	Summe Prozent:	**100**	**Score:**	**65**

7.5 Ergebnis Bewertung Ökologie statt Ökonomie Pflastersteine

Haupt-kategorie	Einzelkriterium	Gewichtung	Bewertung 1; 0; -1	Ergebnis
Einzelhandel 15%	**Attraktivität**	**10**		**10**
	Außenwirksamkeit und Marketing	10	1	10
	Funktionalität und Nutzbarkeit	**5**		**0**
	Wartungsfreundlichkeit	5	0	0
Ökologie 40%	**Rohstoffquelle**	**40**		**40**
	Recyclinganteil	20	1	20
	Schadstofffreiheit	10	1	10
	Materialeinsparung durch geringere Masse	10	1	10
	Lebenszyklus	**20**		**10**
	Primärenergiebedarf Produktionsstadium	2,5	1	2,5
	Primärenergiebedarf Entsorgungsstadium	2,5	1	2,5
	CO - Fußabdruck Produktionsstadium	2,5	1	2,5
	CO - Fußabdruck Entsorgungsstadium	2,5	1	2,5
	Trennbarkeit	5	-1	-5
	Recyclingfähigkeit/ Wiederverwertbarkeit	5	1	5
Ökonomie 20%	**Anschaffungskosten**	**0**		**0**
	Investitionskosten	0	-1	0
	Lebenszykluskosten	**0**		**0**
	Lebensdauer	0	0	0
	Wartungs- und Instandhaltungskosten	0	0	0
	Rückbau-/ Entsorgungskosten	0	1	0
Teschnische Kriterien 15%	**Technische Leistungsfähigkeit**	**15**		15
	Eignung für zutreffende Beanspruchung	15	1	15
Zertifizierung und Standards 10%	Umweltzertifikate	2	1	2
	Einhaltung Bauvorschriften	4	1	4
	Zulassungen und Prüfzeugnisse	2	1	2
	EPD	2	1	2
	Summe Prozent:	**100**	**Score:**	**85**

7.6 Gegenüberstellung Eigenschaften Pflastersteine

	Standardmaterial Pflasterstein	Potenzialmaterial Pflasterstein
Flächengewicht	180kg/m²	175kg/m²
Dicke	80mm	80mm
Recyclinganteil	0%	40%
Recyclingfähigkeit		100% recyclingfähig
Kosten Material inkl Verlegung /m²	38 €	46 €
CO_2-Äq. Herstellung [kg CO_2-Äq.]	25,01	22
CO_2-Äq. Entsorgung [kg CO_2-Äq.]	2,3	1,831
Primärenergiebedarf Produktionsstadium [MJ]	144,73	104,2
Primärenergiebedarf Entsorgungsstadium [MJ]	36,11	28,703
Zertifizierung		Blauer Engel
Lebensdauer	50 Jahre	50 Jahre
Bauvorschrift		DIN EN 1338 2003-08
Zulassung		werkseigene Produktionskontrolle und Güteschutz
Reinigungsfähigkeit	gut	gut
Befahrbarkeit EKW	gut	gut
Wasserdurchlässigkeit	0,7	0,7

7.7 Ergebnis Bewertungskonzept Dämmung

Haupt-kategorie	Einzelkriterium	Gewichtung	Bewertung 1; 0; -1	Ergebnis
Einzelhandel 15%	**Attraktivität**	**10**		**0**
	Außenwirksamkeit und Marketing	10	0	0
	Funktionalität und Nutzbarkeit	**5**		**0**
	Wartungsfreundlichkeit	5	0	0
Ökologie 40%	**Rohstoffquelle**	**20**		**20**
	Recyclinganteil	10	1	10
	Schadstofffreiheit	5	1	5
	Materialeinsparung durch geringere Masse	5	1	5
	Lebenszyklus	**20**		**-10**
	Primärenergiebedarf Produktionsstadium	2,5	-1	-2,5
	Primärenergiebedarf Entsorgungsstadium	2,5	-1	-2,5
	CO - Fußabdruck Produktionsstadium	2,5	-1	-2,5
	CO - Fußabdruck Entsorgungsstadium	2,5	-1	-2,5
	Trennbarkeit	5	1	5
	Recyclingfähigkeit/ Wiederverwertbarkeit	5	-1	-5
Ökonomie 20%	**Anschaffungskosten**	**5**		**0**
	Investitionskosten	5	0	0
	Lebenszykluskosten	**15**		**-5**
	Lebensdauer	5	-1	-5
	Wartungs- und Instandhaltungskosten	5	1	5
	Rückbau-/ Entsorgungskosten	5	-1	-5
Teschnische Kriterien 15%	**Technische Leistungsfähigkeit**	**15**		15
	Eignung für zutreffende Beanspruchung	15	1	15
Zertifizierung und Standards 10%	Umweltzertifikate	2	1	2
	Einhaltung Bauvorschriften	4	1	4
	Zulassungen und Prüfzeugnisse	2	1	2
	EPD	2	1	2
	Summe Prozent:	**100**	**Score:**	**30**

7.8 Ergebnis Bewertung Ökologie statt Ökonomie Dämmung

Haupt-kategorie	Einzelkriterium	Gewichtung	Bewertung 1; 0; -1	Ergebnis
Einzelhandel 15%	**Attraktivität**	**10**		**0**
	Außenwirksamkeit und Marketing	10	0	0
	Funktionalität und Nutzbarkeit	**5**		**0**
	Wartungsfreundlichkeit	5	0	0
Ökologie 40%	**Rohstoffquelle**	**40**		**40**
	Recyclinganteil	20	1	20
	Schadstofffreiheit	10	1	10
	Materialeinsparung durch geringere Masse	10	1	10
	Lebenszyklus	**20**		**-10**
	Primärenergiebedarf Produktionsstadium	2,5	-1	-2,5
	Primärenergiebedarf Entsorgungsstadium	2,5	-1	-2,5
	CO - Fußabdruck Produktionsstadium	2,5	-1	-2,5
	CO - Fußabdruck Entsorgungsstadium	2,5	-1	-2,5
	Trennbarkeit	5	1	5
	Recyclingfähigkeit/ Wiederverwertbarkeit	5	-1	-5
Ökonomie 20%	**Anschaffungskosten**	**0**		**0**
	Investitionskosten	0	0	0
	Lebenszykluskosten	**0**		**0**
	Lebensdauer	0	-1	0
	Wartungs- und Instandhaltungskosten	0	1	0
	Rückbau-/ Entsorgungskosten	0	-1	0
Teschnische Kriterien 15%	**Technische Leistungsfähigkeit**	**15**		15
	Eignung für zutreffende Beanspruchung	15	1	15
Zertifizierung und Standards 10%	Umweltzertifikate	2	1	2
	Einhaltung Bauvorschriften	4	1	4
	Zulassungen und Prüfzeugnisse	2	1	2
	EPD	2	1	2
	Summe Prozent:	**100**	**Score:**	55

7.9 Gegenüberstellung Eigenschaften Dämmung

	Standardmaterial Dämmung	Potenzialmaterial Dämmung
Rohdichte	24kg/m³	19,1kg/m³
Dicke	100 mm	100 mm
Recyclinganteil	0%	72%
Recyclingfähigkeit		100% Deponierung
Kosten Material inkl Verlegung /m²	13 €	18 €
CO_2-Äq. Herstellung [kg CO_2-Äq.]	0,772	2,2
CO_2-Äq. Entsorgung [kg CO_2-Äq.]	0,16	0,345
Primärenergiebedarf Produktionsstadium [MJ]	27,8	55,9
Primärenergiebedarf Entsorgungsstadium [MJ]	0,34	0,566
Zertifizierung		Blauer Engel, DGNB Navigator
Lebensdauer	60 Jahre	50 Jahre
Bauvorschrift		DIN 4108-4 DIN EN 13501
Zulassung		CE-Kennzeichen
Wärmeleitfähigkeit	0,038	0,035
Brandschutz	A1	A1

Kolibri 360 GmbH
Ferdinand-Jühlke-Straße 7
99095 Erfurt, Deutschland
produktsicherheit@kolibri360.de